全国高等院校新工科数据科学与大数据系列规划教材

Python 程序设计

甘　勇　吴怀广◎编著

中国铁道出版社有限公司
CHINA RAILWAY PUBLISHING HOUSE CO., LTD.

内 容 简 介

本书以"计算思维"培养为目标，贯穿理解和运用 Python 的计算生态环境，系统展示了 Python 语言学习路径。本书分为 12 章：第 1 章讲解 Python 基础知识与概念，以及 Python 的交互式解释器 IDLE；第 2 章讲解 Python 语言语法基础；第 3 章讲解 Python 控制语句；第 4 章讲解 Python 数据结构；第 5 章讲解 Python 函数；第 6 章讲解 Python 模块和包；第 7 章讲解文件操作；第 8 章讲解面向对象编程；第 9 章讲解异常；第 10 章讲解 Python 函数式编程；第 11 章讲解数据分析与可视化；第 12 章讲解机器学习实战。

本书内容覆盖了 Python 语言的大部分知识点，叙述清晰，循序渐进，以大量实例为依托，提供大量学习资料、学习视频、在线实验环境、立体化教学资源。本书适合作为高等院校数据科学与大数据及计算机相关专业的教材，也可作为对 Python 感兴趣读者的自学参考书。

图书在版编目（CIP）数据

Python程序设计 / 甘勇, 吴怀广主编. —北京：中国铁道出版社有限公司，2019.11（2025.1重印）

全国高等院校新工科数据科学与大数据系列规划教材

ISBN 978-7-113-26312-6

Ⅰ．①P… Ⅱ．①甘… ②吴… Ⅲ．①软件工具-程序设计-高等学校-教材 Ⅳ．①TP311.561

中国版本图书馆CIP数据核字(2019)第242417号

书　　名：Python程序设计
作　　者：甘　勇　吴怀广

策　　划：韩从付　周海燕　　　　　　　　编辑部电话：（010）51873090
责任编辑：周海燕　贾　星
封面设计：MXK DESIGN STUDIO Q:1765628429
责任校对：张玉华
责任印制：赵星辰

出版发行：中国铁道出版社有限公司（100054，北京市西城区右安门西街8号）
网　　址：https://www.tdpress.com/51eds
印　　刷：三河市航远印刷有限公司
版　　次：2019年11月第1版　2025年1月第8次印刷
开　　本：787 mm×1 092 mm　1/16　印张：15.25　字数：294千
书　　号：ISBN 978-7-113-26312-6
定　　价：46.00元

序

FOREWORD

随着信息技术的不断发展，人类在计算的"算力""算法""数据"等方面的能力水平达到前所未有的高度。由此引发的数据科学与大数据技术及人工智能技术浪潮将极大地推动和加速人类社会各个方面的深刻变革。世界各国清楚地认识到数据科学与人工智能的重要性和前瞻性，相继制定有关的发展政策、战略，希望能够占领高新技术的前沿高地，把握最新的核心技术和竞争力。

在大数据及人工智能发展浪潮中，我国敏锐地把握住时代的机遇以求得到突破性的发展。2015 年 10 月，我国提出"国家大数据战略"，发布了《促进大数据发展行动纲要》；2017 年，《大数据产业发展规划（2016—2020 年）》实施。"推动互联网、大数据、人工智能和实体经济深度融合"成为工作指引，习近平总书记在政治局集体学习中深刻分析了我国大数据发展的现状和趋势，对我国实施国家大数据战略提出了更高的要求。2016 年教育部批准设立数据科学与大数据技术本科专业和大数据技术与应用专科专业，引导高校加快大数据人才培养，以适应国家大数据战略对人才的需求。我国大数据人才培养进入快速发展时期，据统计，到 2018 年 3 月，我国已有近 300 所高校获批建设"数据科学与大数据技术"专业，2019 年 9 月，设立这一专业的高校将增至 500 所。仅河南省设立"数据科学与大数据技术"专业的本科高校达到 36 所，设立"大数据技术与应用"专业的高职高专院校达到 38 所。然而，当前我国高校的大数据教学尚处于摸索阶段，尤其缺乏成熟的、系统性和规范性的大数据教学体系和教材。2017 年 2 月，教育部在复旦大学召开"高等工程教育发展战略研讨会"达成"复旦共识"，随后从"天大行动"到"北京指南"，掀起新工科建设的热潮，各高校积极开展新理念、新结构、新模式、新质量和新体系的新工科建设模式的探索。2018 年 10 月，教育部发布了《关于加快建设发展新工科实施卓越工程师教育培养计划 2.0 的意见》，提出大力发展"四个新"（新工科、新医科、新农科、新文科），推动各地各高校加快构建大数据、智能制造、机器人等 10 个新兴领域的专业课程体系。为了落实国家战略、加快大数据新工科专业建设，加速人才培养，提供人才支撑，都需要更多地关注数据科学与大数据技术及人工智能相关专业教材的建设和出版工作。为此河南省高等学校计算机教育研究会组织河南省高校与中国铁道出版社有限公司、中国科学院计算技术研究所和相关企业联合成立了编委会，分别面向本科和高职高专编写教材。

本编委会秉承虚心求教、博采众长的学习态度，积极组织一线教师、科研人员和企业工程师一起面向新工科开展大数据领域教材的编写工作，以期为蓬勃发展的数据科学与大数据专业建设贡献我们的绵薄之力。毋庸讳言，由于编委自身水平有限，编著过程中难免出现诸多疏漏与不妥之处，还望读者不吝赐教！

编委会

2019 年 6 月

前　言

PREFACE

人类的语言，无论汉语、英语、西班牙语还是法语，其作用都是传递信息。而计算机程序设计语言和人类语言一样，也是为了信息的传递，只是沟通的对象变成了机器。通过计算机程序设计语言，计算机可以"听懂"并按照代码的要求执行任务。我们都知道底层的计算机指令是由 0 和 1 组成的，如果人类尝试用一串串的 0 和 1 与计算机沟通，那难度也太大了，所以由 0 和 1 的指令串就逐步抽象为低级语言，然后再到高级语言。越低级的语言越接近机器语言，越高级的语言越接近人类语言。Python 就是一种高级编程语言。

随着人工智能的迅速发展，Python 语言得到了越来越广泛的普及和应用。TIOBE 2019 年 1 月发布的排行榜显示，Python 获得 2018 年 TIOBE 最佳年度语言称号，这是 Python 第三次获得 TIOBE 最佳年度语言排名，也是获奖次数最多的编程语言。Python 简单易用，语法简洁清晰，代码优雅易读。与 C 语言系列和 Java 语言等相比，大幅度降低了学习和使用的难度。Python 语言支持命令式编程、面向对象程序设计、函数式编程，包含了完善的标准函数库，并具备非常丰富的扩展库，能满足几乎所有领域的应用。在这些库的支撑下，很多复杂的任务只需要几行代码就可以完成，大大降低了开发难度。

本书借鉴了大量已出版的 Python 语言程序设计图书，覆盖了 Python 语言大部分知识点，从基本的程序设计思想入手，用大量实例来加深读者的理解。本书配套有《Python 程序设计实践教程》和在线实验开发环境，通过便捷的实操练习和大量的案例操作让读者快速掌握 Python 编程语言的使用方法。

本书由郑州轻工业大学甘勇、吴怀广编著，金松河、张静、张伟伟、王捷、王晓参与编写，其中第 1 章由金松河、吴怀广编写，第 2、3、5、7 章由吴怀广编写，第 4 章由张静编写，第 6、10 章由张伟伟编写，第 8、9 章由王捷、甘勇编写，第 11、12 章由王晓、甘勇编写，最后，由吴怀广对全书进行了统稿和定稿。

本书的适用读者对象如下（但不限于）：

（1）计算机、人工智能、数据科学与大数据专业本科生。建议讲授全部章节，学时为 64 学时。若已学习过 C 语言，则 1 ~ 3 章可作为前期自学内容，讲授学时可缩短为 48 学时。

（2）数字媒体技术、软件工程、网络工程、信息安全、自动化及其他工科专业的本科生。建议讲授 1 ~ 9 章，根据需要选讲 10 ~ 12 章，学时为 48 学时。

（3）会计、金融、管控学、心理学、统计及其他非工科类专业本科生。建议讲授 1 ~ 7 章，其余章节根据需要选讲，学时为 32 ~ 48 学时。

（4）非计算机相关专业本科生。本书可作为公共基础课程的程序设计教材。建议讲授 1 ~ 5 章，其余章节根据需要选讲，学习为 32 ~ 48 学时。

本书提供全套教学课件、源代码、课后习题答案与分析、考试题库以及教学大纲，配套资料可以在网址 http://www.tdpress.com/51eds/ 下载或与责任编辑联系索取。

限于水平，书中不足之处在所难免，敬请读者和同行批评指正。

编　者

2019 年 8 月

目 录

CONTENTS

第 **1** 章

初识 Python

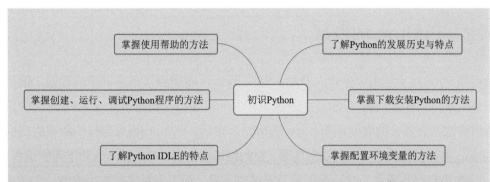

Python 是近年来发展势头最为迅猛的一门编程语言,它在数据分析、机器学习、Web 应用开发、自动化运维、网络爬虫等领域均有不俗的表现。Python 专注于解决问题、拥有自由开放的社区环境、提供了丰富的 API 和第三方工具包,各种 Web 框架、数据分析框架、爬虫框架、机器学习框架应有尽有。越来越多的机构和个人开始使用它,如今 Python 已经风靡全球,被业界认为是最有前途的编程语言之一。本章将从 Python 的起源、发展、特点、下载和安装、Python 程序的编写和调试等内容开始,带领大家初识 Python。

1.1 Python 的起源

很多伟大的作品往往是其作者打发时间的产物,Python 也是如此。1989 年圣诞节,待在阿姆斯特丹的荷兰人吉多·范罗苏姆(Guido van Rossum)突发奇想,想起之前开发 ABC 语言时还留下一些问题没有解决,他决定写个脚本解释语言打发时间,Python 也因此而诞生,关于 Python 这

Python 的
起源

个名字，据说来自于吉多非常喜欢的电视剧 Monty Python's Flying Circus。

Python 语言吸取了 ABC 语言因没有开源而失败的经验，吉多将 Python 语言上传至开源社区，并且实现了 ABC 语言未曾实现的部分功能。可以说，Python 语言是从 ABC 语言发展起来，主要受到了 Modula-3（另一种相当优美且强大的语言，为小型团体所设计的）的影响，并且结合了 UNIX shell 和 C 语言用户的习惯。

1991 年，第一个 Python 编译器诞生。它是用 C 语言实现的，并能够调用 C 语言的库文件。从一诞生，Python 就具有类、函数、异常处理、包含表和词典在内的核心数据类型，以及模块为基础的拓展系统。

1.2 Python 的发展

最初的 Python 完全由吉多本人开发。很快 Python 就得到了吉多同事的欢迎。他们迅速地反馈使用意见，并参与到 Python 的改进工作中。吉多和一些同事构成了 Python 的核心团队，他们将自己大部分的时间用于 hack Python。随后，Python 拓展到他们所在的研究所之外。Python 将许多机器层面上的细节隐藏，交给编译器处理，并凸显出逻辑层面的编程思考。Python 程序员可以花更多的时间用于思考程序的逻辑，而不是具体的实现细节，这一特征吸引了广大的程序员，Python 开始流行。

2011 年 1 月，Python 被 TIOBE 编程语言排行榜评为"2010 年度编程语言"的称号。

2019 年 1 月，Python 再续辉煌，荣获了"2018 年度编程语言"的称号。

如今的 Python 已经成为应用范围较广的编程语言之一，无形之中它也打破了近 20 年来如铁一般的 Java、C 和 C++ 三足鼎立的格局。对此，TIOBE 在发布 2018 年度编程语言排行榜时，如此评价道："Python 是当今高校中最常被教授的首选语言，它在统计领域排名第一、在 AI 编程中排名第一、在编写脚本时排名第一、在编写系统测试时排名第一。除此之外，Python 还在 Web 编程和科学计算领域处于领先地位。总之，Python 无处不在。"

Python 发展到现在，经历了很多版本，大家可以到 Python 官网进行查看，网址是 https://www.Python.org/，下面仅列举一些比较有代表性的版本信息。

- Python 1.0：1994 年 1 月
- Python 1.2：1995 年 4 月 10 日
- Python 1.3：1995 年 10 月 12 日
- Python 1.4：1996 年 10 月 25 日
- Python 1.5：1997 年 12 月 31 日
- Python 1.6：2000 年 09 月 05 日

- Python 2.0：2000 年 10 月 16 日
- Python 2.1：2001 年 4 月 17 日
- Python 2.2：2001 年 12 月 21 日
- Python 2.3：2003 年 7 月 29 日
- Python 2.4：2004 年 11 月 30 日
- Python 2.5：2006 年 12 月 19 日
- Python 2.6：2008 年 10 月 1 日
- Python 2.7：2010 年 7 月 3 日
- Python 3.0：2008 年 12 月 3 日
- Python 3.1：2009 年 6 月 27 日
- Python 3.2：2011 年 2 月 20 日
- Python 3.3：2012 年 9 月 29 日
- Python 3.4：2014 年 5 月 16 日
- Python 3.5：2015 年 9 月 13 日
- Python 3.6：2016 年 12 月 23 日
- Python 3.7：2018 年 6 月 27 日

仔细阅读的用户肯定会有这样的疑问：既然在 2008 年已经发布了 Python 3.0 版本，为什么在 2010 年还要发布 Python 2.7 版本呢？

这是因为 Python 3.0 版本不再兼容 Python 2.0 版本，导致很多用户无法正常升级使用新版本，所以后来又发布了一个 Python 2.7 的过渡版本，而且 Python 2.7 仅支持到 2020 年，所以新手最好从 Python 3.0 开始入手。

1.3　Python 的特点

Python 具有以下显著特点。

1. Python 的优点

（1）简单易学

Python 是一种代表简单主义思想的语言，阅读一个编写规范的 Python 程序就感觉像是在读英语一样，它使你能够专注于解决问题而不是去搞明白语言本身。Python 非常容易上手，因为 Python 语法非常简单。

（2）免费、开源

Python 是 FLOSS（自由／开放源码软件）之一，使用者可以自由地发布这个软件的副本、阅读它的源代码、对它做改动、把它的一部分用于新的自由软件中，这种扎实的群众基础也是 Python 变得愈来愈优秀的原因之一。

（3）高级语言

用 Python 语言编写程序的时候无须考虑诸如如何管理程序使用的内存一类的底层细节。

（4）可移植性

由于它的开源本质，Python 已经被移植到许多平台上，如：Linux、Windows、Macintosh、OS/2 等平台。

（5）解释性

一个编译性语言（如 C 或 C++）编写的程序可以从源文件转换成计算机使用的语言（二进制代码，即 0 和 1），这个过程通过编译器完成。运行程序时，连接 / 转载器软件把编译好的程序从硬盘复制到内存中运行。

Python 语言编写的程序不需要编译成二进制代码，可以直接从源代码运行程序。在计算机内部，Python 解释器把源代码转换成称为字节码的中间形式，然后再将其翻译成计算机使用的机器语言并运行。这使得使用 Python 更加简单，也使得 Python 程序更加易于移植。

（6）面向对象

在 Python 中一切皆对象，它完全支持继承、重载和泛型设计。

（7）可扩展性

如果需要一段关键代码运行得更快或者希望某些算法不被公开，可以使用 C 或 C++ 编写部分程序，然后在 Python 中使用它们即可。

（8）丰富的库

Python 内置几百个类和函数库，第三方库更是高达十几万个，几乎覆盖了计算机技术的各个领域。

Python 的优点还有很多，在后续的学习中我们会慢慢地感受和体会到这一点。

2. Python 的缺点

（1）运行速度慢

这里是指与 C 和 C++ 相比。Python 是解释型语言，代码在执行时会一行一行地翻译成 CPU 能理解的机器码，这个翻译过程非常耗时，所以速度比较慢。而 C 和 C++ 程序是运行前直接编译成 CPU 能执行的机器码，所以非常快。

（2）代码不能加密

如果要发布 Python 程序，实际上就是发布源代码，这一点跟 C 和 C++ 语言不同，C 和 C++ 语言不用发布源代码，只需要把编译后的机器码发布出去。要从机器码反推出源代码是非常困难的，所以，凡是编译型的语言都没有这个问题，而解释型的语言，则必须把源代码发布出去。

（3）独特的语法

这也许不应该被称为缺点，但是它用缩进来区分语句关系的方式还是会给很多初学者带来困惑，即便是很有经验的 Python 程序员，也可能深陷其中。

1.4　Python 的应用

作为一种通用编程语言，Python 的应用场景几乎是无限的。在 Web 开发、人工智能、数据分析、自动化运维、网络爬虫、游戏开发等领域 Python 均有不俗的表现。

1. Web 开发

Python 语言能够满足快速迭代的需求，非常适合互联网公司的 Web 开发应用场景。Python 用作 Web 开发已有十多年的历史，在这个过程中，涌现出了很多优秀的 Web 开发框架，如 Django 和 Flask。许多知名网站都是使用 Python 语言开发的，如豆瓣、知乎、Instagram、Pinterest、Dropbox 等。这一方面说明了 Python 作为 Web 开发的受欢迎程度，另一方面也说明 Python 语言用作 Web 开发经受住了大规模用户并发访问的考验。

2. 人工智能

Python 在人工智能大范畴领域内的机器学习、神经网络、深度学习等方面都作为主流的编程语言得到了广泛的支持和应用。最流行的神经网络框架（如 Facebook 的 PyTorch 和 Google 的 TensorFlow）都采用 Python 语言。

3. 科学计算与数据分析

随着 numpy、SciPy、Matplotlib 等科学计算与数据分析开源项目的开发和完善，Python 越来越适合于做科学计算和数据分析了。它不仅支持各种数学运算，还可以绘制高质量的 2D 和 3D 图像。与科学计算领域最流行的商业软件 MATLAB 相比，Python 比 MATLAB 所采用的脚本语言的应用范围更广泛，可以处理更多类型的文件和数据。

4. 自动化运维

在很多操作系统中，Python 是标准的系统组件。大多数 Linux 发行版和 Mac OS X 都集成了 Python，可以在终端下直接运行 Python。Python 标准库包含了多个调用操作系统功能的库。对于 Windows 操作系统，通过 pywin32 这个第三方软件包，Python 能够访问 Windows 的 COM 服务及其他 Windows API。一般而言，Python 编写的系统管理脚本在可读性、性能、代码重用度、扩展性等方面都优于普通的 shell 脚本。

5. 游戏开发

Python 在很早的时候就是一种游戏编程的辅助工具。在《星球大战》中扮演了重要的角色。在《阿贝斯》(*Abyss*)、《星球之旅》(*Star Trek*)、《夺宝奇兵》(*Indiana Jones*)等影片中担当特技和动画制作的工业光魔公司(*Industrial Light*)就采用 Python 制作商业动画。现在通过 Python 完全可以编写出非常棒的游戏程序。

1.5 搭建 Python 开发环境

　　Python 已经被移植到许多平台上，如 Windows、Mac 和 Linux 等，用户可以根据需要为这些平台安装 Python，但在不同的平台上，安装 Python 的方法不尽相同，本节将带领大家在不同的平台上搭建 Python 开发环境。

　　考虑到本书是基于 Windows 平台开发 Python 程序，所以将重点介绍在 Windows 平台上搭建 Python 开发环境的过程。

1.5.1 在 Windows 平台搭建 Python 开发环境

1. 下载安装 Python

　　①访问 Python 的官网 https://www.python.org/，选择 Windows 平台的安装包，如图 1-1 所示。

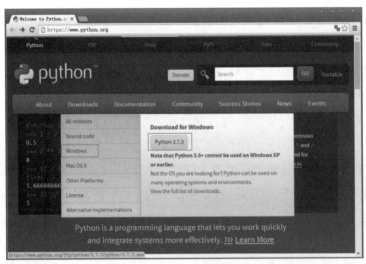

图 1-1　选择 Windows 平台的安装包

　　②单击图 1-1 中的"python3.7.3"按钮，下载 Python 安装包，下载成功的安装包，如图 1-2 所示。

　　③双击图 1-2 所示的 Python 安装包，进入 Python 安装界面，如图 1-3 所示。

图 1-2　Python 安装包

图 1-3　选择安装方式

图 1-3 中为用户提供了两种安装方式。第一种是默认的安装方式；第二种是自定义安装方式，用户可以自己选择安装路径，灵活选择启用或禁用 Python 的某些功能。

另外，需要特别注意的是，在图 1-3 的下方有一个 "Add Python 3.7 to PATH" 复选框。如果勾选该复选框，安装程序会自动帮助用户添加环境变量。如果未勾选，需要用户手动配置环境变量。

④对于新手而言，选择默认安装并勾选 "Add Python 3.7 to PATH" 复选框即可。安装过程如图 1-4 所示。

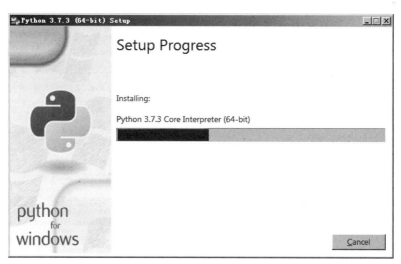

图 1-4　安装过程

⑤安装过程大约会持续几分钟，然后出现图 1-5 所示的安装成功窗口，单击 "Close" 按钮完成安装。

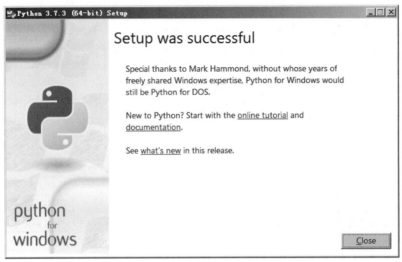

图 1-5　完成安装

2. 配置环境变量

如果在安装过程中未勾选图 1-3 中的"Add Python 3.7 to PATH"复选框，则 Python 安装成功后，还需要手动配置环境变量，具体步骤如下：

①右击"计算机"图标，在弹出的快捷菜单中选择"属性"菜单项，打开"系统"窗口，单击右侧的"高级系统设置"超链接，弹出"系统属性"对话框，如图 1-6 所示。

②单击图 1-6 中的"环境变量"按钮，弹出"环境变量"对话框，单击系统环境变量"Path"，如图 1-7 所示。

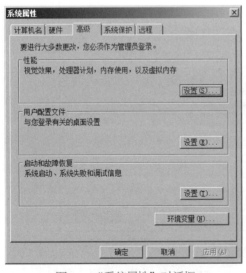

图 1-6　"系统属性"对话框

图 1-7　"环境变量"对话框

③单击图 1-7 下方的"编辑"按钮，对环境变量 Path 进行编辑，如图 1-8 所示。

④在 Path 变量值的尾部加上英文的分号，然后再添加 Python 的安装路径，单击"确定"按钮，完成环境变量的配置，如图 1-9 所示。

图 1-8 "编辑系统变量"对话框　　　　图 1-9 添加 Python 安装路径

安装 Python 后，在"开始"菜单的"所有程序"中看到图 1-10 所示的新增菜单项。

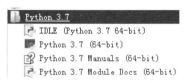

图 1-10 新增的 Python 3.7 菜单项

这 4 项内容分别是：

● IDLE（Python 3.7 64-bit）：官方自带的 Python 集成开发环境。

● Python 3.7（64-bit）：Python 终端。

● Python 3.7 Manuals（64-bit）：CHM 版本的 Python 3.7 官方使用文档。

● Python 3.7 Module Docs（64-bit）：模块速查文档。

3. 运行 Python

安装成功后，打开命令行窗口，输入 python，按【Enter】键，在窗口看到 Python 的版本信息，说明 Python 已经安装成功，如图 1-11 所示。

```
C:\Windows\system32\cmd.exe - python

Microsoft Windows [版本 6.1.7601]
版权所有 (c) 2009 Microsoft Corporation. 保留所有权利。

C:\Users\jsh>python
Python 3.7.3 (v3.7.3:ef4ec6ed12, Mar 25 2019, 22:22:05) [MSC v.1916 64 bit (AMD6
4)] on win32
Type "help", "copyright", "credits" or "license" for more information.
>>>
```

图 1-11 Python 版本信息

1.5.2 在 Mac 平台搭建 Python 开发环境

MAC 系统一般都自带有 Python 2.x 版本。如果 Mac 系统的版本号高于 OS10.9，那么系统自带的 Python 版本是 2.7。只需要在终端输入 Python 命令即可运行。

要安装最新的 Python 3.7，有两个方法：

①下载 Python 3.7 的安装程序，双击运行并安装；

②如果已经安装了 "Homebrew"，则直接通过 "brew install Python3" 命令安装即可。

1.5.3 在 Linux 平台搭建 Python 开发环境

大多数 Linux 系统发行版都自带了 Python 2.x 版本。目前最新版的 Ubuntu 已经自带了 Python 3.x 版本。如果 Linux 系统没有安装 Python 或者只安装了 Python 2.x，而需要的是 Python 3.x，那么可以自己下载并安装，具体步骤如下：

①登录 Python 官网：https://www.python.org/。

②选择适合于 Linux 的源码包，如图 1-12 所示。

图 1-12　选择 Python 源码包

③下载 python 3.7.3 源码包。

④解压下载的源码包 Python-3.7.3.tgz。

```
tar -zvxf python-3.7.3.tgz
```

⑤解压后，进入解压目录。

```
cd python-3.7.3
```

⑥创建安装目录。

安装 Python 3 前，先在 /usr/local 下创建一个新的文件夹 Python3（作为 Python 3 的安装路径，以免覆盖 Python 2 版本）。

```
mkdir /usr/local/python3
```

⑦编译安装。

```
./configure --prefix=/usr/local/python3
make
make install
```

⑧建立新版本 Python 的软链接。

```
ln -s /usr/local/python3/bin/python3   /usr/bin/python3
```

⑨检测安装是否成功。

重新打开一个 shell，输入命令 Python3，如果能进入图 1-13 所示的 Python 交互环境就表示安装成功。

```
[root@localhost ~]# python3
Python 3.7.3 (default, Jul  1 2019, 09:22:42)
[GCC 4.8.5 20150623 (Red Hat 4.8.5-36)] on linux
Type "help", "copyright", "credits" or "license" for more information.
>>> print("hello world")
hello world
>>> exit()
```

图 1-13　Python 交互环境

📦 1.6　Python 开发环境 IDLE 简介

IDLE 是 Python 标准发行版内置的一个简单小巧的集成开发环境（Integrated Development Environment，IDE），安装好 Python 以后，IDLE 就自动安装好了。IDLE 包括了交互式命令行、编辑器、调试器等基本组件，足以应付大多数简单应用。IDLE 是用 Python 编写的，最初的作者正是吉多，它是非商业 Python 开发和初学者学习 Python 的最佳选择之一。

利用 IDLE 创建
并运行 Python
程序

1.6.1　启动 IDLE

安装 Python 后，可以选择"开始"→"所有程序"→"Python 3.7"→"IDLE"命令启动 IDLE。IDLE 启动后的初始窗口如图 1-14 所示。

```
Python 3.7.3 Shell
File Edit Shell Debug Options Window Help
Python 3.7.3 (v3.7.3:ef4ec6ed12, Mar 25 2019, 22:22:05) [MSC v.1916 64 bit (AMD64)] on win32
Type "help", "copyright", "credits" or "license()" for more information.
>>>
                                                                              Ln: 3 Col: 4
```

图 1-14　IDLE 的交互式编程模式（Python Shell）

启动 IDLE 后，首先出现的是 Python Shell，通过它可以在 IDLE 内部执行 Python 命令。

如果使用交互式编程模式，那么直接在 IDLE 提示符">>>"后面输入相应的命令，按【Enter】键执行即可，如果执行顺利的话，马上就可以看到执行结果，否则会抛出异常，并显示提示信息。例如：

①计算 10 + 20 的值。

```
>>> 10+20
30
```

②查看 Python 版本信息。

```
>>> import sys
>>> sys.version_info
sys.version_info(major=3, minor=7, micro=3, releaselevel='final', serial=0)
```

③除零操作（错误操作，抛出异常）。

```
>>> 12/0
Traceback (most recent call last):
  File "<pyshell#5>", line 1, in <module>        # 出错的位置
    12/0
ZeroDivisionError: division by zero              # 出错的原因
```

注意：程序在运行时，如果 Python 解释器遇到一个错误，会停止程序的执行，并针对该错误给出一些提示信息，包括出错的位置（如文件、模块、行号等信息）和出错的原因。

1.6.2 利用 IDLE 创建 Python 程序

IDLE 还带有一个编辑器，用来编辑 Python 程序。IDLE 的编辑器为开发人员提供了许多有用的特性，如自动缩进、语法高亮显示、单词自动完成等，在这些功能的帮助下，开发人员可以有效地提高学习和编程效率。

下面通过一个示例介绍利用 IDLE 的编辑器创建 Python 程序的方法。示例代码如下所示：

```
# 提示用户进行输入
integer1 = input(' 请输入第 1 个整数 :')
integer1 = int(integer1)
integer2 = input(' 请输入第 2 个整数 :')
integer2 = int(integer2)
if integer1>integer2:
    print (' 第 1 个数大于第 2 个数 ')
else:
    print (' 第 1 个数小于等于第 2 个数 ')
```

提示：本书中的示例代码有两种表现形式，一种是带有">>>"提示符的代码，表示是在交互式解释器中输入的代码；另一种是不带">>>"提示符的代码，指的是程序文件中的代码。

1. 创建 Python 程序

在图 1–14 所示的窗口中，选择“File”→“New File”菜单项启动 IDLE 的编辑器，然后输入示例代码，结果如图 1–15 所示。

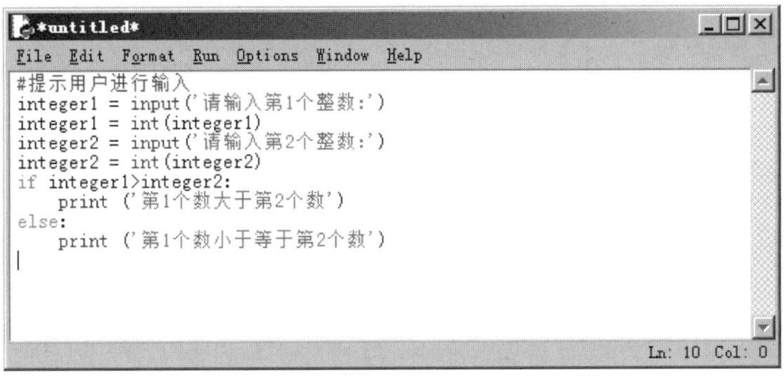
untitled
File Edit Format Run Options Window Help
#提示用户进行输入
integer1 = input('请输入第1个整数:')
integer1 = int(integer1)
integer2 = input('请输入第2个整数:')
integer2 = int(integer2)
if integer1>integer2:
    print ('第1个数大于第2个数')
else:
    print ('第1个数小于等于第2个数')
Ln: 10 Col: 0

图 1–15　IDEL 的编辑器

在使用 IDLE 编辑器的过程中，可以发现该编辑器拥有以下特性：

（1）语法高亮显示

所谓语法高亮显示，就是代码中不同的元素使用不同的颜色进行显示，如图 1–15 所示。默认状态下，关键字显示为橘红色，注释显示为红色，字符串为绿色，定义和解释器的输出显示为蓝色，控制台输出显示为棕色。

在输入代码时，会自动应用这些颜色突出显示。语法高亮显示的好处是，更容易区分不同的语法元素，从而提高可读性；与此同时，语法高亮显示还降低了出错的概率。

（2）自动缩进

Python 有严格的缩进要求，当输入与控制结构对应的关键字（如 if），或者输入与函数定义对应的关键字（如 def），按【Enter】键后，编辑器会自动缩进。一般情况下，代码缩进的长度一级是 4 个空格。缩进的长度可以通过选择“Formatl”→“New Indent Width ”菜单项修改。

（3）单词自动完成功能

单词自动完成指的是当用户输入单词的一部分后，选择“Edit”→“Expand Word”菜单项，或者按【Alt+/】组合键自动完成该单词。

2. 保存程序

在图 1–15 所示的窗口中，选择“File”→“Save”菜单项保存文件，如果是新文件，会弹出“另存为”对话框，可以在对话框中指定文件名和保存位置，务必保证文件保存类型为“Python files”，如图 1–16 所示。

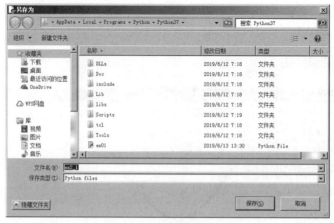

图 1-16　"另存为"对话框

单击图 1-16 中的"保存"按钮,文件名会自动显示在编辑器的标题栏中,如图 1-17 所示。如果文件中存在尚未保存的内容,标题栏的文件名前后会有星号出现。

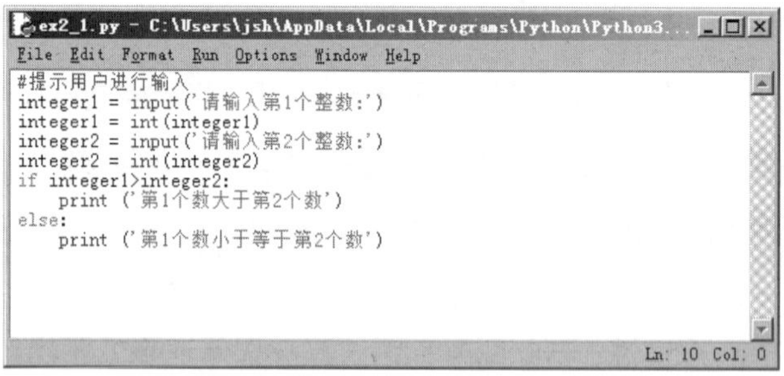

```
#提示用户进行输入
integer1 = input('请输入第1个整数:')
integer1 = int(integer1)
integer2 = input('请输入第2个整数:')
integer2 = int(integer2)
if integer1>integer2:
    print ('第1个数大于第2个数')
else:
    print ('第1个数小于等于第2个数')
```

图 1-17　保存好的文件

1.6.3　运行 Python 程序

要运行 Python 程序,可以选择 IDLE 编辑器的"Run"→"Run Module"菜单项,执行当前文件,如图 1-18 所示。

图 1-18　"Run Module"菜单项

选择"Run Module"菜单项,系统会自动切换到 Python Shell 窗口,并给出程序的执行效果。对于示例程序而言，其执行情况如图 1-19 所示。

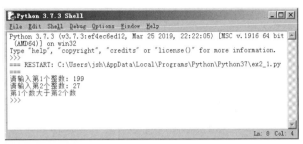

图 1-19 示例程序执行结果

1.6.4 调试 Python 程序

程序开发过程中，总免不了这样或那样的错误，其中有语法方面的，也有逻辑方面的。对于语法错误，Python 解释器可以很容易地检测出来，这时它会停止程序的运行并给出错误提示。对于逻辑错误，解释器就无能为力了，程序执行没有问题，但执行结果却是错误的。所以，需要对程序进行调试。

最简单的调试方法是直接显示程序数据，例如，可以在某些关键位置用 print 语句显示变量的值，从而确定有没有出错。但是这个办法比较麻烦，因为开发人员必须在所有可疑的地方都插入 print 语句。等到程序调试完后，还必须将这些 print 语句全部清除，比较麻烦。

除此之外，还可以使用调试器进行调试。利用调试器可以分析被调试程序的数据，并监视程序的执行流程。调试器的功能包括暂停程序执行、检查和修改变量、调用方法而不更改程序代码等。IDLE 也提供了一个调试器，帮助开发人员查找逻辑错误。

在 Python Shell 窗口中选择"Debug"→"Debugger"菜单项，启动图 1-20 所示的 IDLE 交互式调试器。

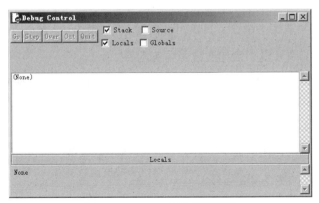

图 1-20 IDLE 交互式调试器

调试器窗口拥有 5 个按钮，分别是：Go、Step、Over、Out 和 Quit。这些按钮在程序调试过程中经常会被使用，下面简单介绍一下它们的作用。

- "Go"按钮：单击"Go"按钮将导致程序正常执行至终止，或到达一个断点。
- "Step"按钮：单击"Step"按钮，将导致调试器执行下一行代码，然后再次暂停。如果变量的值发生了变化，调试控制窗口的全局变量和局部变量列表就会更新。如果下一行代码是一个函数调用，调试器就会"步入"函数，跳到该函数的第一行代码。
- "Over"按钮：与"Step"按钮类似，但是如果下一行代码是函数调用，"Over"按钮将会跳过该函数代码。
- "Out"按钮：单击"Out"按钮将导致调试器全速执行代码行，直到它从当前函数返回。如果用"Step"按钮进入了一个函数，现在想快点出来，那就单击"Out"按钮，从当前的函数调用"走出来"。
- "Quit"按钮：单击"Quit"按钮，将停止调试。

打开调试控制器后，Python Shell 窗口也会发生改变，在 Python Shell 窗口中输出"[DEBUG ON]"，并在下一行显示">>>"提示符，如图 1–21 所示。

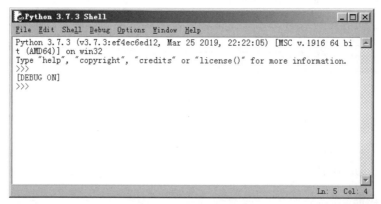

图 1–21　Python Shell 窗口

可以像平时那样使用这个窗口，只不过此时输入的任何命令都允许出现在调试器下。在调试器窗口可以查看局部变量和全局变量等有关内容。

下面在调试器控制下，再次运行示例程序，并观察调试器窗口、编辑器窗口、Python Shell 窗口中的内容变化情况。

（1）打开示例程序

在图 1–21 所示的窗口中选择"File"→"Open"菜单项，在弹出的"打开"对话框中选择示例程序 ex2_1，如图 1–22 所示。

单击"打开"按钮，打开示例程序，如图 1–23 所示。

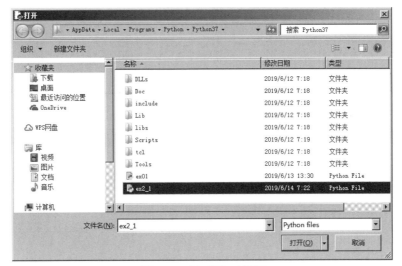

图1-22 "打开"对话框

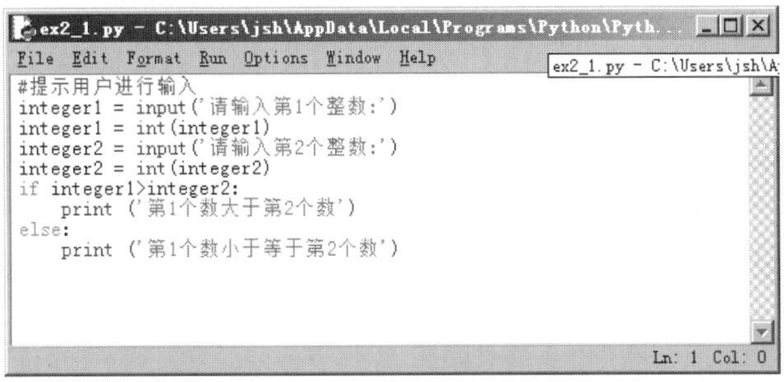

图1-23 打开示例程序窗口

（2）运行示例程序

在图1-23所示的窗口中选择"Run"→"Run Module"菜单项，程序启动时将暂停在第2行（第1行是注释，不需要执行），调试器总是暂停在它将要执行的代码行上，如图1-24所示。

图1-24 开始执行程序

此时，调试控制窗口中的内容如图1-25所示。

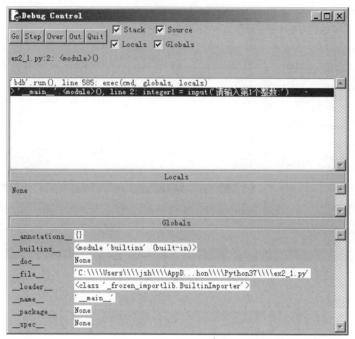

图 1-25　示例程序启动时的调试控制窗口

单击 "Over" 按钮，执行第一个 input() 函数。这里使用 "Over" 按钮，而不是 "Step" 按钮，是因为不希望进入 input() 函数的代码中。

在等待为 input() 函数调用输入具体内容时，调试控制窗口中的 5 个按钮将被禁用。在 Python Shell 窗口中输入整数 199 并按【Enter】键，调试控制窗口中的按钮将重新启用。此时，编辑器窗口的第 3 行将高亮显示，提示程序当前执行位置，如图 1-26 所示。

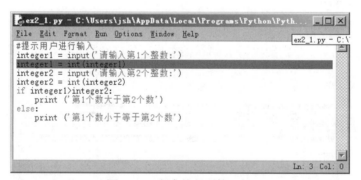

图 1-26　程序执行到第 3 行

继续单击 "Over" 按钮，并输入 27 作为第 2 个整数，直到调试器位于第 7 行，程序中的 print() 函数被调用，如图 1-27 所示。

此时，调试控制窗口中的内容如图 1-28 所示。

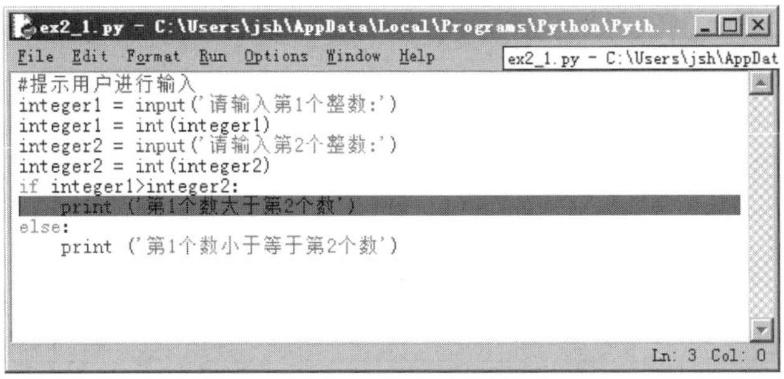

图 1-27 程序执行到第 7 行

图 1-28 示例程序执行第 7 行时的调试控制窗口

在调试控制窗口中可以查看局部变量、全局变量、文件等信息，这些信息是程序执行过程中动态生成的，通过观察这些信息，可以帮助开发人员查找逻辑错误，提高编程效率。

用调试器单步执行程序很有用，但速度很慢。如果希望程序正常运行，直到它到达特定的代码行才进行调试，那么可以使用断点让调试器做到这一点。断点可以设置在特定的代码行上，当执行到该行时程序会暂停执行。

例如，打开 IDLE 编辑器，输入以下代码，并保存为文件，如图 1-29 所示。

```python
sum = 0
for i in range(1, 101):
    sum = sum + i
    if i==50:
        print('循环执行过半时, sum = ' + str(sum))
print('sum= ' + sum)
```

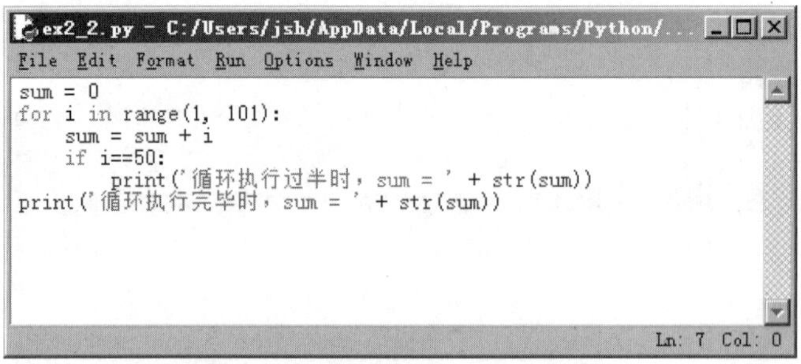

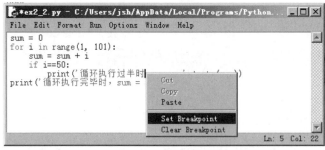

图 1-29　在编辑器中输入代码

当不用调试器运行该程序时，瞬间就会输出下面的内容：

```
循环执行过半时，sum = 1275
循环执行完毕时，sum = 5050
```

如果启用调试器运行这个程序，就必须单击 100 次"Over"按钮，程序才能结束。如果仅仅对程序执行到一半时的 sum 值感兴趣，可以在代码行 print(' 循环执行过半时，sum = ' + str(sum)) 上设置断点。设置断点的方法是在文件编辑器中右击该行代码，在弹出的快捷菜单中选择"Set Breakpoint"菜单项，如图 1-30 所示。

图 1-30　设置断点

带有断点的代码行会在文件编辑器中以黄色高亮显示。如果在调试器下运行该程序，开始它会暂停在第一行，像平时一样。但如果单击调试器中的"Go"按钮，程序将全速运行，一直运行到设置了断点的代码行。下面通过运行示例程序来说明这一点。

按照图 1-30 所示的方法在示例程序中设置断点，然后运行该程序，并单击"Go"按钮。此时，调试控制窗口的状态如图 1-31 所示。

观察调试控制窗口，可以发现变量 i 的值为 50，sum 的值为 1275。说明单击"Go"按钮后，程序全速运行，一直运行到设置了断点的代码行。接下来，可以通过单击"Go""Over""Step"或"Out"按钮，进行程序的正常调试。

程序调试结束后，如果希望清除断点，可以在编辑器中找到并右击该行代码，在弹出的快捷菜单中选择"Clear Breakpoint"菜单项，断点被清除，黄色高亮自动消失。

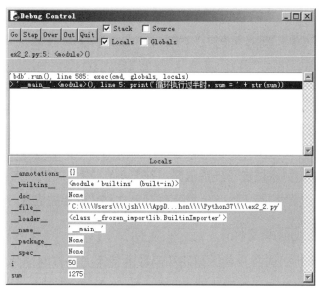

图 1-31 单击 " Go " 按钮后的结果

1.6.5 常用 Python IDE 介绍

IDE 是一种辅助程序开发人员进行开发工作的应用软件，往往集成了代码编写功能、语法检测功能、编译和调试功能。IDE 可以帮助开发人员加快开发速度，提高开发效率。

常用的 Python IDE 除了前面已经介绍过的 Python 自带的 IDLE 之外，还包括 PyCharm、Jupyter Notebook 和 Spyder 等，简单介绍如下。

1. PyCharm

PyCharm 是由 JetBrains 公司开发的全功能 Python IDE，带有一整套可以帮助用户在使用 Python 语言开发时提高其效率的工具，比如调试、语法高亮、Project 管理、代码跳转、智能提示、自动完成、单元测试、版本控制等。

PyCharm 还提供了一些高级功能，用于支持 Django 框架下的专业 Web 开发。同时，它还支持 Google App Engine 和 IronPython。PyCharm 得到了很多 Python 开发人员的青睐。

2. Spyder

Spyder 是专门面向科学计算的 Python 交互开发环境，提供了代码补全、语法高亮、类和函数浏览器以及对象检查等功能。和其他 Python 开发环境相比，它最大的优点就是模仿 MATLAB 的"工作空间"功能，可以很方便地观察和修改数组的值。

3. Jupyter Notebook

Jupyter Notebook 是网页版的 Python 交互开发环境，可以在网页页面中直接编写代码和运行代码，代码的运行结果也会直接在代码块下显示。如在编程过程中需要编写说明文档，可在同一个页面中直接编写，便于做及时的说明和解释。

提示：IDE 并非功能越多越好，因为更多的功能往往意味着更高的复杂度，这不但会分散开发人员的精力，而且还可能带来更多的错误，尤其是对于初学者更是如此。

1.7　使用帮助

对于初学者而言，在使用 Python 编写程序时，会经常用到 Python 自带的函数或模块，但对这些函数或模块的用途往往不是很清楚。在 Python 中可以使用内置的 help() 函数获取帮助信息，也可以通过网络使用 Python 的在线帮助文档获取相关信息。

1.7.1　使用在线帮助文档

可以通过在线帮助文档查找具体模块和函数的使用方法，网址为 https://docs.Python.org/3.7/，在浏览器地址栏中输入上述网址，按【Enter】键，即可进入 Python 3.7 的在线帮助文档主页，如图 1-32 所示。利用该页面提供的超链接和搜索功能可以快速查找到相关模块或函数的用法。

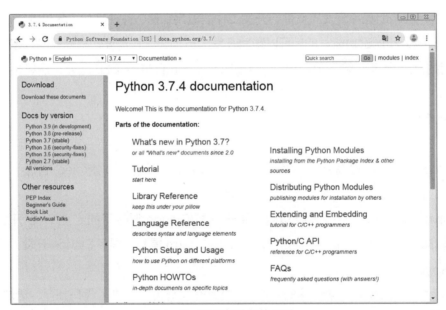

图 1-32　在线帮助文档主页

1.7.2　使用 help() 函数

Python 拥有大量自带的和在线的模块 (Module) 资源，可以提供丰富的功能，在使用这些模块时，如果每次都去网站查找在线帮助文档会浪费时间，因此，可以使用 IDLE 自带的 help() 函数迅速找到所需模块和函数的使用方法。

help() 函数是 Python 的一个内置函数，任何时候都可以被使用，其语法格式如下：

```
help(对象)
```

下面通过一些示例介绍 help() 函数的用法。

1. 查看内置函数和类型信息

例如：查看内置函数 max() 函数相关信息：

```
>>> help(max)
```

上述代码执行后，在 Python Shell 窗口中显示 max() 函数的相关信息，如图 1-33 所示。

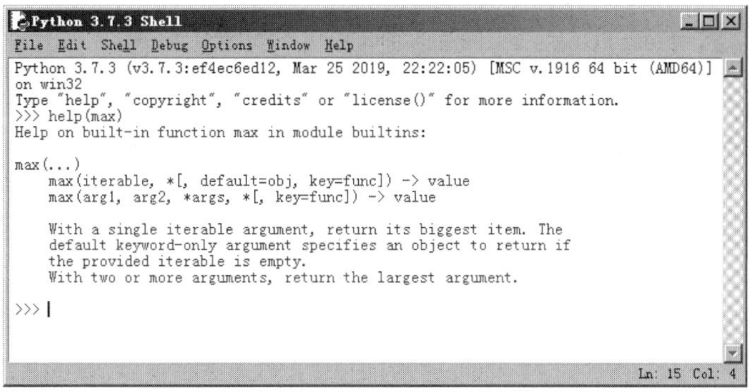

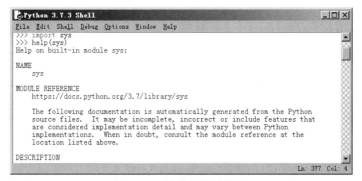

图 1-33 内置 max() 函数的帮助信息

查看列表（list）和集合（set）类型的帮助信息，在 Python Shell 窗口中输入并执行下面的代码即可。

```
>>> help(list)
>>> help(set)
```

2. 查看模块信息

使用 help(模块名) 可以查看整个模块的帮助信息。

```
>>> import sys        # 用 import 导入模块 sys
>>> help(sys)
```

上述代码执行后，出现 sys 模块的帮助信息，如图 1-34 所示。

图 1-34 模块的帮助信息

3. 查看模块内的函数信息

查看 sys 模块内的 exit() 函数的帮助信息，可以在 Python Shell 窗口中输入如下代码：

```
>>> import sys
>>> help(sys.exit)
```

上述代码执行后，出现 exit() 函数的帮助信息，如图 1-35 所示。

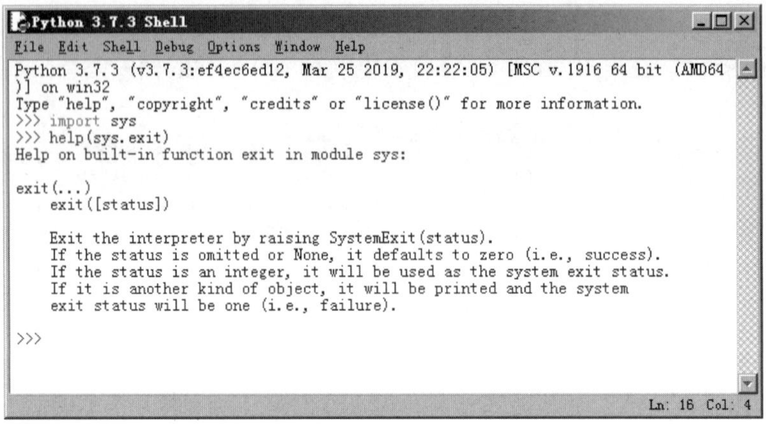

图 1-35　exit() 函数的帮助信息

小　结

本章首先介绍了 Python 的起源、发展历史、特点和应用领域，以及在不同平台下安装 Python 的方法；然后，讲解了利用 Python 自带的 IDLE 创建、执行和调试程序的方法；最后，介绍了在线帮助文档和内置帮助函数 help() 的用法。通过本章的学习，读者能够对 Python 有一个初步认识，并能够独立完成 Python 运行环境的搭建和简单程序的编写，为以后的学习打下基础。

习　题

1. Python 的特点有哪些？

2. 访问 Python 官网并下载 Python 3.7 的安装包，然后在本地安装 Python 3.7，配置环境变量，并运行 Python 3.7。

3. 在 Python Shell 窗口中编写程序计算 3+2 的值。

4. 在 Python IDLE 中，创建、保存、运行 Python 程序。

第 ② 章

Python 语法基础

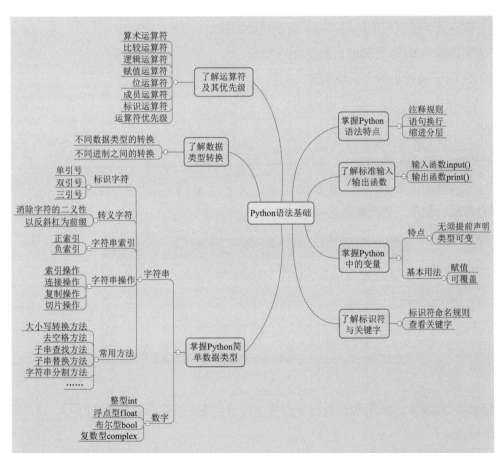

要想掌握一门编程语言，首先了解该语言的基本语法和语义规范。Python 语言虽然不像其他计算机语言有丰富的语法格式，但有自己独树一帜的特色语法。本章将首先介绍 Python 的语法特点；然后，介绍 Python 的变量、数据类型、类型转换；最后，介绍运算符、表达式和运算符优先级，引领读者熟悉 Python 的语法基础。

2.1 Python 语法特点

Python 语法特点

与其他常见的编程语言（如 C、C++、Java 等）不同，Python 语言有
自己独树一帜的语法特点。

2.1.1 缩进分层

Python 最具特色的语法特点就是以缩进的方式来标识代码块，不再需要使用大括号（{}），
代码看起来更加简洁。

Python 程序中同一个代码块中的语句必须保证相同的缩进空格数，缩进的空格数没有硬
性规定，但必须保证空格数是相同的，否则将会出错。

正确缩进的 Python 代码块，如例 2-1 所示。

【例 2-1】正确缩进的代码块示例。

```
if True:
    print ("结果:")
    print ("True") # 严格执行缩进
else:
    print ("结果:")
    print ("False")
```

保存并运行程序，结果如图 2-1 所示。

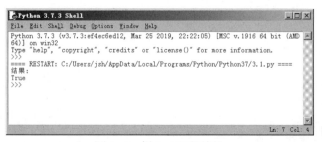

图 2-1　例 2-1 运行结果

错误的示例如例 2-2 所示，示例中的第 3 行语句缩进的空格数与第 2 行不一致，会导致
代码运行出错。

【例 2-2】没有严格执行缩进的代码块。

```
if True:
    print ("结果:")
print ("True") # 没有严格执行缩进
else:
    print ("结果:")
    print ("False")
```

保存并运行程序，结果如图 2-2 所示。

图 2-2　例 2-2 运行结果

提示：Python 编程规范指出缩进最好采用空格的形式，每一层向右缩进 4 个空格。

2.1.2　注释规则

尽管 Python 是可读性最好的语言之一，但这并不意味着代码中的注释可以不要。即使是简短的几行 Python 代码，如果使用了一些生僻的方法，那么开发人员也需要花费一定的时间才能搞明白。更何况，实际应用往往涉及成千上万行代码。Python 的注释有单行注释和多行注释两种形式。

1. 单行注释

单行注释以 # 开头，为了增加可读性，建议在 # 后面增加一个空格，然后再写相应的说明文字，例如：

```
# 这是一个单行注释
```

注释可以在一行的任何地方开始，如果在代码后面添加单行注释，代码和 # 之间至少要有一个空格，例如：

```
print("Hello, World!")  # 这是一个出现在代码后面的单行注释
```

2. 多行注释

多行注释用 3 个单引号（'''）或 3 个双引号（"""）将注释括起来。

（1）3 个单引号

```
'''
用 3 个单引号标识的多行注释
用 3 个单引号标识的多行注释
'''
```

（2）3 个双引号

```
"""
用 3 个双引号标识的多行注释
用 3 个双引号标识的多行注释
"""
```

2.1.3　语句换行

如果一个语句太长，全部写在一行会显得很不美观，使用反斜杠（\）可以实现一条长语句的换行，在这一点上 Python 与 C/C++ 语法是相同的。例如：

```
x = "床前明月光，\
疑是地上霜。\
举头望明月，\
低头思故乡。"
```

注意：行末的反斜杠（\）之后不能添加注释。

如果是以小括号 ()、中括号 [] 或大括号 {} 包含起来的语句，不必使用反斜杠（\）就可

以直接分成多行。例如：

```
# 用 () 包含起来的语句，可以直接分成多行
print("This is a multiline",
      " a multiline"
      "example")
# 用 [] 包含起来的语句，可以直接分成多行
month_names = ['Januari', 'Februari', 'Maart',
               'April', 'Mei', 'Juni',
               'Juli', 'Augustus', 'September',
               'Oktober', 'November', 'December']
# 用 {} 包含起来的语句，也可以直接分成多行
nums = {'0', '1', '2',
        '3', '4', '5',
        '6', '7', '8',
        '9'}
```

如果要在使用反斜杠换行和使用括号元素换行之间做选择的话，推荐使用后者，这样做代码的可读性会更好。

2.1.4　同一行写多个语句

Python 允许将多个语句写在同一行上，语句之间用分号隔开。例如：

```
a=10; b=20; print(a+b)
```

但必须指出，同一行上书写多个语句，会使代码的可读性大大降低。

2.1.5　模块

Python 中的模块分为内置模块和非内置模块。内置模块不需要手动导入，启动 Python 时系统会自动导入，任何程序都可以直接使用它们。非内置模块以文件的形式存在于 Python 的安装目录中，程序使用前需要导入模块。导入模块的语法格式如下：

```
import  [模块名]
```

例如，导入数学模块，并查看圆周率 π 的值，具体代码如下：

```
import math        # 导入数学模块
print (math.pi)    # 打印结果是 3.141592653589793
```

2.2　标准输入 / 输出

通过键盘输入数据，在显示屏上显示结果，称为标准输入 / 输出。本节介绍标准输入 / 输出函数的简单用法。

2.2.1 标准输入函数

Python 提供内置的 input() 函数用于接收用户通过键盘输入的字符串。input() 函数的基本语法格式如下：

```
input([prompt])
```

其中，prompt 是可选参数，起辅助作用，提示用户需要输入什么样的数据。当用户输入数据并按【Enter】键后，input() 函数返回字符串对象，通常需要一个变量来接收用户输入的数据。

【例 2-3】输入数据，并通过一个变量接收用户输入的数据。

```
name = input("请输入你的姓名：")
```

在 Python Shell 窗口输入示例代码，并按【Enter】键。系统立即显示提示信息"请输入你的姓名："，等待用户输入数据。当用户输入"李明"并按【Enter】键后，"李明"将以字符串对象的形式返回，并赋值给变量 name 。结果如图 2-3 所示。

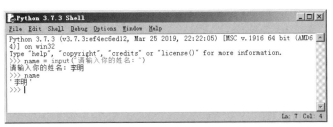

图 2-3 执行结果

在执行过程中可以发现，通过 input() 函数提示用户输入信息是非常有必要的，它可以带来较好的用户体验。

注意：通过 input() 函数接收用户输入的数据将以字符串对象的形式返回，如果需要的是其他类型的数据，就必须进行类型转换。

2.2.2 标准输出函数

Python 提供内置的 print() 函数用于输出显示数据。 print() 函数的基本语法格式如下：

```
print(value,…,sep=' ' ,end='\n')  # 此处只说明了部分参数
```

上述参数的含义如下：

① value 表示输出对象，后面的省略号表示可以列出多个输出对象，以逗号隔开。

② sep 用于设置多个要输出信息之间的分隔符，默认值为一个空格。

③ end 表示 print 语句的结束符号，默认值为换行符。

【例 2-4】测试处理结果的输出。

```
print("我最喜欢的歌星是 "," 李明 ")
print("我最喜欢的歌星是 "," 李明 ",sep=',')
```

```
print("我最喜欢的歌星是 "," 李明 ",end='$')
print("我最喜欢的歌星是 "," 李明 ")
```

保存并运行程序，测试结果如图 2-4 所示。这里调用了 4 次 print() 函数。其中，第 1 次为默认输出，第 2 次将默认分隔符修改为 ','，第 3 次将默认的结束符修改为 '$'，第 4 次再次调用默认的输出。

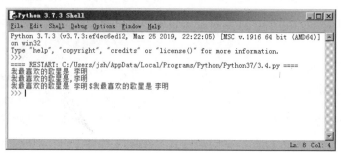

图 2-4　程序运行结果

从运行结果可以看出，第 1 行为默认输出方式，数据之间用空格分开；第 2 行输出的数据项之间以 ',' 隔开；第 3 行输出结束后，尾部添加了 '$' 符号，没有换行符，所以与第 4 条语句的输出在同一行。

2.3　变量和常量

1. 变量

在 Python 中可以直接声明变量，不必声明变量的类型。

变量本身没有类型，这里的"类型"是变量所指的内存中对象的类型。Python 会自动判别变量的类型。例如：

```
age = 100
```

上述代码中的等号（ = ）用来为变量赋值，把 100 赋值给变量 age ，那么 age 就是一个整型变量。因为，变量 age 所指的内存中的对象 100 是整型。

在 Python 中，同一个变量可以被反复赋值，而且可以是不同类型的值，在这一点上，Python 和 C、C++、Java 等编程语言有很大区别。例如，在同一个代码块中，变量 age 可以被赋予不同类型的值：

```
age = 100     # age 是整型对象
age = "ABC"   # age 是字符串对象
age = 12.33   # age 是浮点型对象
```

用户在解释器中输入一个变量后，Python 会自动记住这个变量的值。例如，在解释器中输入如下代码：

```
>>>age = 100
>>>print(age)
```

执行 print(age) 语句，输出结果是 100，如图 2-5 所示。

图 2-5　程序运行结果

Python 允许同时为多个变量赋值。例如：

```
x = y = z = 100
```

Python 还允许同时为多个变量赋予不同类型的值。例如：

```
name, age = " 张三 ", 100
```

其中，字符串对象 " 张三 " 赋给变量 name，整型对象 100 赋给变量 age。

另外，Python 还允许变量之间相互赋值，例如：

```
name1 = " 张三 "
name2 = name1
```

注意：Python 中的变量不需要声明，但要求每个变量在使用前必须赋值，变量赋值以后才会被创建。如果使用没有被赋值的变量，程序运行会出错。例如，使用没有被赋值的变量 telephone，运行结果如图 2-6 所示。

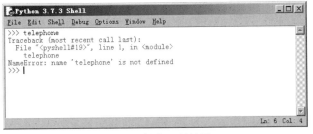

图 2-6　程序运行结果

2. 常量

所谓常量就是值不能改变的量，例如，常用的数学常数 π 就是一个常量。在 Python 中，通常用全部大写的变量名表示常量：

```
PI = 3.14159265359
```

但事实上 PI 仍然是一个变量，Python 根本没有任何机制保证 PI 不会被改变。所以，用全部大写的变量名表示常量只是一个习惯上的用法，实际上 PI 的值是可以改变的。

2.4 标识符与关键字

在现实生活中，人们常用一些名称或符号来区分不同的事物。同理，程序中也需要一些符号和名称来区分不同的对象，这些符号和名称就是所谓的标识符。

Python 的标识符可以包含字母（A~Z、a~z）、数字（0~9）及下画线（_），但有以下几个方面的限制：

① 标识符的第 1 个字符必须是字母表中的字母或下画线（_），并且中间不能有空格。

```
name1 # 合法的标识符
1name # 非法的标识符，不能用数字开头
n ame # 非法的标识符，中间有空格
roo@m # 非法的标识符，@ 符号不能作为标识符的组成部分
```

② Python 的标识符有大小写之分，如 NAME 与 name 是不同的标识符。

③ 关键字不可以当作标识符。例如，while 不能作为标识符。

④ 在 Python 3 中，非 ASCII 标识符也允许使用。例如，汉字也可以出现在标识符中。

```
姓名        # 合法的标识符
姓名123     # 合法的标识符
name 姓名   # 合法的标识符
```

在 Python 中，一些赋以特定的含义并用作专门用途的标识符称为关键字。关键字是 Python 自己专用的标识符，不允许开发人员定义和关键字相同的标识符。可以使用以下命令查看 Python 的关键字：

```
>>>import keyword
>>>keyword.kwlist
```

运行结果如图 2-7 所示。

图 2-7 程序运行结果

Python 中的每个关键字都有不同的含义，可以使用 help() 函数查找相关帮助信息。示例代码如下：

```
>>> help()  #进入帮助系统
help> for
help> and
help> quit  #退出帮助系统
```

2.5　简单数据类型

Python 3 中有两种简单数据类型，即数字类型和字符串类型。

2.5.1　数字类型

Python 支持 int（整型）、float（浮点型）、bool（布尔类型）和 complex（复数类型）4 种数字类型。

1. 整型（int）

整数类型简称整型，用于表示整数，不带小数点，但可以有正号或负号，如 10、1024、–100、99、–66 等。

Python 3.7 对整型是没有大小限制的，只要内存许可，整数的取值范围几乎包括了全部整数（无限大），这给大数据的计算带来便利。

注意：在 Python 3.7 中，只有一种整数类型 int，没有 Python 2.7 中的 Long 类型。

整型常量的表示方法有 4 种，分别是十进制、二进制（以 "0B" 或 "0b" 开头）、八进制（以 "0o" 或 0O 开头）和十六进制（以 "0X" 或 "0x" 开头）。下面给出一些示例，

```
1000     # 十进制整数
0b1010   # 二进制整数
0o123    # 八进制整数
0x81     # 十六进制整数
```

在解释器中输入上述代码，系统自动把各种进制的数转换为十进制数输出，运行结果如图 2-8 所示。

图 2-8　程序运行结果

十进制的数要转换成二进制、八进制或十六进制数，可以调用函数完成，具体示例如下：

```
>>>bin(20)      # 将十进制整数 20 转换为二进制
```

```
>>>oct(20)      # 将十进制整数 20 转换为八进制
>>>hex(20)      # 将十进制整数 20 转换为十六进制
```

在解释器中输入上述代码，运行结果如图 2-9 所示。

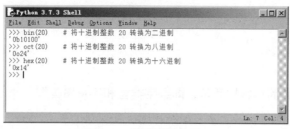

图 2-9　程序运行结果

2. 浮点型（float）

浮点数的表示法可以使用小数点，也可以使用指数。指数符号可以使用字母 e 或 E 表示，指数可以使用 +/ – 符号，也可以在指数数值前加上数值 0，还可以在整数前加上数值 0。例如：2.78e2 就是 $2.78 \times 10^2 = 278$。

```
3.14       # 3.14
10.        # 10.0
.123       # 0.123
1.2e2      # 1.2×10²=120.0
2.1e-2     # 2.1×10⁻²=0.021
```

如果想把整数转换成浮点数，可以使用系统内置的 float() 函数完成转换任务，例如：

```
>>> float(150)
150.0
```

3. 布尔类型（bool）

Python 中，布尔类型的值只有两个：True 和 False，表示真和假，分别对应整数 1 和 0。

```
>>> True==1
True
>>> False==0
True
```

这里利用符号（==）判断该符号左右两边的值是否相等。

在 Python 中，每一个对象天生都具有布尔值，进而可用于布尔测试。以下对象的布尔值都是 False：

①为 0 的数字，包括 0、0.0；

②空字符串 ''、""；

③表示空值的 None；

④空集合，包括空元组 ()、空序列 []、空字典 {}。

⑤ False。

除了上述对象之外的其他对象的布尔值都是 True。

4. 复数类型（complex）

复数类型用于表示数学中的复数。复数由实数（real）部分与虚数（imag）部分构成，表示形式为 real + imag（j/J 后缀），实数和虚数部分都是浮点数。复数的示例如下：

```
1.5 + 0.5j
1J
2 + 1e100j
3.14e-10j
```

可以使用 real 与 imag 属性分别取出复数的实数和虚数部分，例如：

```
>>> a=2.6+0.8j
>>> a.real        # 实数部分
2.6
>>> a.imag        # 虚数部分
0.8
```

可以使用 complex(real,imag) 函数将 real 与 imag 两个数值转换为复数。real 参数是复数的实数部分，imag 参数是复数的虚数部分。例如：

```
>>> complex(2.6,0.8)
(2.6+0.8j)
```

2.5.2 字符串类型

字符串是 Python 中最常用的一种数据类型，可以使用单引号、双引号和三引号来标识字符串。

1. 标识字符串

（1）用单引号标识字符串

例如：

```
'Hello World!'
```

注意：单引号标识的字符串里不能包含单引号，例如 let's go 不能使用单引号标识。

（2）用双引号标识字符串

例如：

```
"教育改变生活"
```

（3）用三引号（''' 或者 """）标识字符串

例如：

```
'''
Hello World!
Python Programming
'''
```

三引号相比单引号和双引号，有一个特殊的功能，它能够标识一个多行的字符串，而且该多行字符串中的换行、缩进等格式都会原封不动地保留。

2. 转义字符

Python 中的转义字符以反斜杠"\"为前缀，转义字符的意义就是避免字符出现二义性，二义性是所有编程语言都不允许的。

下面将通过一个简单的例子说明转义字符的用途。根据前面所学内容，已知单引号既可以作为标识字符串的符号，又可以作为普通的单引号使用。

假设，用单引号标识一个字符串时，如果该字符串中又包含一个单引号，比如 'Let's go!'，那么，Python 将无法识别该字符串从何处开始，又在何处结束。程序执行时会出错，示例代码如下：

```
>>> 'let's go'              # 单引号标识的字符串中含有单引号
SyntaxError: invalid syntax  # 错误提示信息
```

要消除单引号的这种二义性，就需要使用转义符，使单词 Let 后面的单引号成为纯粹的单引号，不再具备其他的作用。示例代码如下：

```
>>> 'let\'s go'        #使用转义符 "\" 转义 let 后面的单引号，使其成为纯粹的单引号
"let's go "
```

另外，还有一些无法打印的控制字符，如回车、换行、退格等，在使用时也需要使用转义字符。示例代码如下：

```
>>> print('Hello,\nPython!')      # 使用转义字符 "\n"，输出字符串时换行
Hello,
Python!
>>> print('Hello,\tPython!')      # 使用转义字符 "\t"，输出字符串时添加横向制表符
Hello,   Python!
>>> print('c:\\Python\\example')  # 使用转义字符 "\\"，输出磁盘路径
c:\Python\example
```

Python 中常用的转义字符如表 2-1 所示。

表 2-1 转义字符

转 义 字 符	描　述	转 义 字 符	描　述
\\	反斜杠符号	\n	换行
\'	单引号	\t	横向制表符
\"	双引号	\r	回车
\f	换页	\b	退格（Backspace）

3. 字符串索引

字符串索引分为正索引和负索引。正索引从左至右标记字符，最左边的字符索引是 0，第二个是 1，依此类推。负索引从右向左标识字符，最右边的字符索引为 −1，第二个为 −2，依此类推。字符串索引示例如下：

```
字符串    P   y   t   h   o   n
正索引    0   1   2   3   4   5
负索引   -6  -5  -4  -3  -2  -1
```

4. 字符串基本操作

（1）索引操作

使用下标值（索引值）获取字符串中指定的某个字符，称为索引操作。其语法格式如下：

```
<字符串>[下标]
```

索引操作示例代码如下：

```
>>> "student"[0]        # 获取下标为 0 的字符
's'
>>> "student"[1]        # 获取下标为 1 的字符
't'
>>> s = "Python"
>>> s[0]
'P'
>>> s[1]
'y'
>>> s[-1]               # 获取下标为 -1 的字符
'n'
>>> s[-2]               # 获取下标为 -2 的字符
'o'
```

注意：Python 不支持以任何方式改变字符串对象的值，不能通过索引的方式改变字符串中的某个字符，否则会出错，示例代码如下：

```
>>> s="Hello,world!"
>>> s[1] = 'E'
Traceback (most recent call last):
  File "<pyshell#19>", line 1, in <module>
    s[1] = 'E'
TypeError: 'str' object does not support item assignment
```

出错提示信息为：字符串对象不支持对其成员赋值。

（2）字符串连接操作

可以使用加号（+）将两个字符串连接起来。示例代码如下：

```
>>> "Hello," + "World!"
'Hello,World!'
>>> "科学技术" + "是第一生产力"
'科学技术是第一生产力'
```

（3）字符串复制操作

可以使用乘号（*）生成重复的字符串。示例代码如下：

```
>>> "Hello," * 3                #重复3次
'Hello,Hello,Hello,'
>>> "科学技术" * 2               #重复2次
'科学技术科学技术'
```

（4）字符串切片操作

字符串切片就是截取字符串的片段，得到一个子串。方法是指定子串的区间，假设 start 表示开始位置，end 表示结束位置（下标 + 1），则其语法格式如下：

```
<字符串>[start:end]
```

字符串切片操作示例如下：

【例 2-5】字符串切片操作。

```
s = "Python Programming"
print ("s[1:5]: ", s[1:5])
print ("s[:5]: ", s[:5])        # 省略开始位置
print ("s[1:]: ", s[1:])        # 省略结束位置
```

保存并运行程序，结果如图 2-10 所示。

图 2-10　程序运行结果

注意：在截取子串时，包含开始位置指定的字符，但不包含结束位置指定的字符，是一个半闭半开区间 [start,end)。如果不指定开始位置，默认开始位置为 0，如果省略了结束位置，则默认为字符串的长度。

5. 字符串的常用方法

字符串作为最常用的一种数据类型，它提供了丰富的字符串操作方法，如表 2-2 所示。

表 2-2　字符串的常用方法

常 用 方 法	描　　述
capitalize()	将字符串的首字母大写
strip()	去掉字符串前后的空格
lstrip()	去掉字符串左边的空格
rstrip()	去掉字符串右边的空格
lower()	将字符串中的大写字母转换为小写字母
upper()	将字符串中的小写字母转换为大写字母
startswith(prefix[,start[,end]])	检查字符串是否以 prefix 开头
endswith(suffix[,start[,end]])	检查字符串是否以 suffix 结束
find(sub[,start[,end]])	返回 sub 在字符串中的位置
count(sub[,start[,end]])	返回 sub 在字符串中出现的次数
split(sep=None)	将字符串按分隔符 sep 拆分为字符串列表，默认是按照空格分隔
replace(old,new)	将字符串中的 old 子串替换为 new 子串

为了加深读者对字符串常用方法的理解，将通过下面的示例代码演示这些方法的应用。

```
>>> s = "Python Programming"
>>> s.lower()                    # 把大写字母转换为小写字母
'python programming'
>>> s.upper()                    # 把小写字母转换为大写字母
'PYTHON PROGRAMMING'
>>> s.find('thon')               # 返回 'thon' 在字符串中出现的位置
2
>>> s.split()                    # 对字符串进行切割，返回字符串列表
['Python', 'Programming']
>>> s.replace('P','p')           # 对字符串进行替换操作，'P' 替换为 'p'
'python programming'
>>> s.count('m')                 # 返回 'm' 在字符串中出现的次数
2
```

读者还可以通过 help(str) 查询更多的字符串操作方法，以及每种方法的具体用法。基于篇幅所限，不再赘述。

2.6　类型转换

不同类型的数据之间往往可以进行转换，只不过在转换过程中，需要借助于一些函数。Python 中常用的数据类型转换函数及其描述如表 2-3 所示。

表 2-3　类型转换函数

函　数　符	描　　　述
int(x [,base])	用于将一个字符串或数字转换为整型
float(x)	用于将整数和字符串转换成浮点数
complex(real [,imag])	用于创建一个值为 real + imag * j 的复数或者转换一个字符串或数为复数。如果第一个参数为字符串，则不需要指定第二个参数
str(x)	将对象 x 转换为适于人阅读的字符串
repr(x)	将对象 x 转换为供解释器读取的字符串
eval(str)	用来执行一个字符串表达式，并返回表达式的值
chr(x)	返回整数 x 对应的 ASCII 字符
ord(x)	返回字符 x 对应的 ASCII 数值
bin(x)	返回整数 x 的二进制表示
oct(x)	返回整数 x 的八进制表示
hex(x)	返回整数 x 的十六进制表示

为了加深读者对数据类型转换函数的理解，将通过下面的示例代码演示这些函数的应用。

```
>>> x = 100        # 定义整型变量
>>> s = 'zzuli'    # 定义字符串变量
>>> str(x)         # 把整数转换为字符串
```

```
'100'
>>> oct(x)                    # 把十进制数转换为八进制数
'0o144'
>>> float(x)                  # 把整数转换为浮点数
100.0
>>> char(65)                  # 返回 ASCII 值对应的字符
'A'
>>> ord('A')                  # 返回字符对应的 ASCII 值
65
>>> repr(s)                   # 将对象 s 转换为供解释器读取的字符串
"'zzuli'"
>>> eval("2*3")               # 用来执行一个字符串表达式，并返回表达式的值
6
```

2.7 运算符与表达式

对数据进行加工处理的过程称为运算，表示运算的符号称为运算符，参与运算的数据称为操作数。例如，100+200 就是一个加法运算，"+"称为运算符，100 和 200 称为操作数。

Python 语言支持的运算符有以下几种类型：算术运算符、比较（关系）运算符、逻辑运算符、赋值运算符、位运算符、成员运算符、标识运算符。

表达式是一个或多个运算的组合，常量、变量和函数都可以作为表达式的组成部分。每个符合 Python 语法规则的表达式运算后都是一个确定的值。

2.7.1 算术运算符

算术运算符主要用于计算，例如，+、-、*、/ 都属于算术运算符。下面以 a=20，b=10 为例进行计算，具体如表 2-4 所示。

表 2-4 算术运算符

运 算 符	描　　述	例　　子
+	加法	a + b = 30
-	减法	a - b = 10
*	乘法	a * b = 200
/	除法	a / b = 2
%	取余，返回除法的余数	a % b = 0
**	幂，返回 a 的 b 次幂（a、b 分别是第 1 个和第 2 个操作数）	$a**b=20^{10}$
//	整除，返回商的整数部分	9//2 =4，而 9.0//2.0 = 4.0

为了便于读者更好地理解算术运算符，下面通过一个示例演示算术运算符的操作。

【例 2-6】算术运算符操作。

```
x = 10
```

```
y = 20
z = 30
# 加法运算
a = x + y
print ("a 的值为: ", a)
# 减法运算
a = x - y
print ("a 的值为: ", a)
# 乘法运算
a = x * y
print ("a 的值为: ", a)
# 除法运算
a = x / y
print ("a 的值为: ",a)
# 取模运算
a= x % y
print ("a 的值为: ", a)
# 修改变量 x、y、z
x = 10
y = 12
z = x**y
print ("z 的值为: ", z)
# 整除运算
x = 15
y = 3
z = x//y
print ("z 的值为: ", z)
```

保存并运行程序，结果如图 2-11 所示。

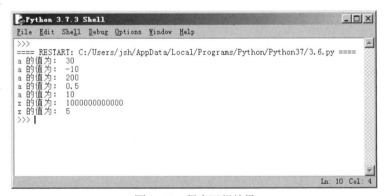

图 2-11　程序运行结果

2.7.2　比较运算符

比较运算符用于比较两个数，其返回结果只能是 True 或 False。下面以 a=20，b=10 为例进行计算，具体如表 2-5 所示。

表 2-5 比较运算符

运 算 符	描　　述	示　　例
==	检查两个操作数的值是否相等，如果相等则结果为 True	(a == b) 为 False
!=	检查两个操作数的值是否不相等，如果值不相等则结果为 True	(a != b) 为 True
<>	类似于 != 运算符	(a <> b) 为 True
>	检查左操作数的值是否大于右操作数的值，如果是则结果为 True	(a > b) 为 True
<	检查左操作数的值是否小于右操作数的值，如果是则结果为 True	(a < b) 为 False
>=	检查左操作数的值是否大于或等于右操作数的值，如果是则结果为 True	(a >= b) 为 True
<=	检查左操作数的值是否小于或等于右操作数的值，如果是则结果为 True	(a <= b) 为 False

为了便于读者更好地理解比较运算符，下面通过一个示例演示比较运算符的操作。

【例 2-7】比较运算符操作。

```
a = 20
b = 10
# 判断变量 a 和 b 是否相等
if (a == b):
    print ("a 等于 b")
else:
    print ("a 不等于 b")
# 判断变量 a 是否小于 b
if (a < b):
    print ("a 小于 b")
else:
    print ("a 大于等于 b")
# 修改变量 a 和 b 的值
a = 10;
b = 20;
print ("修改变量的值之后：")
# 重新判断变量 a 是否小于等于 b
if (a < b):
    print ("a 小于 b")
else:
    print ("a 大于等于 b")
```

在上述代码中，使用了 if-else 语句，该语句在后面的章节中会详细讲解。这里，读者只需将其理解为一种判断语句，表示的含义是"如果......，否则......"。如果 if 后面的表达式结果为 True 时，就执行 if 后面的语句，否则会执行 else 后面的语句。保存并运行程序，结果如图 2-12 所示。

```
Python 3.7.3 Shell
File  Edit  Shell  Debug  Options  Window  Help
>>>
==== RESTART: C:/Users/jsh/AppData/Local/Programs/Python/Python37/3.7.py ===
=
a 不等于 b
a 大于等于 b
修改变量的值之后:
a 小于 b
>>>
                                                              Ln: 7 Col: 4
```

图 2-12　程序运行结果

逻辑运算符

2.7.3　逻辑运算符

逻辑运算符包括 and、or、not，具体用法如表 2-6 所示，示例中 a 为 10，b 为 20。

表 2-6　逻辑运算符

运　算　符	逻辑表达式	描　　　述	示　　例
and	x and y	逻辑与运算，如果 x 为 0（或 False），返回 0（或 False），否则返回 y 的值	a and b，返回 20
or	x or y	逻辑或运算，如果 x 非 0，返回 x 的值，否则返回 y 的值	a or b，返回 10
not	not x	逻辑非运算符，如果 x 为 False，返回 True，如果 x 为 True，返回 False	not a，返回 False not 0，返回 True

逻辑运算符应用示例代码如下：

```
>>>x = True
>>>y = False
>>>print(x and y)       # 打印结果为 False
>>>print(x or y)        # 打印结果为 True
>>>print(not x)         # 打印结果为 False
>>>print(not y)         # 打印结果为 True
>>>print(10 and 20)     # 打印结果为 20
>>>print(10 or 20)      # 打印结果为 10
>>>print(not 10)        # 打印结果为 False
```

2.7.4　赋值运算符

赋值运算符 "=" 的一般格式为：

```
变量＝表达式
```

表示将其右侧的表达式求出结果，赋给其左侧的变量。例如：

```
x = 4+5                    # 变量 x 的值变为 9
```

说明：

赋值符号 "=" 不同于数学上的等号，它没有相等的含义。

例如：x = x+1 在 Python 中是合法的（在数学上不合法），它的含义是取出变量 x 的值加 1，再存放到变量 x 中。

赋值运算符如表 2-7 所示。

表 2-7　赋值运算符

运　算　符	描　　　述	示　　　例
=	直接赋值	a = b
+=	加法赋值	b += a 相当于 b = b + a
-=	减法赋值	b - = a 相当于 b = b - a
*=	乘法赋值	b *= a 相当于 b = b * a
/=	除法赋值	b /= a 相当于 b = b / a
%=	取模赋值	b %= a 相当于 b = b % a
**=	指数幂赋值	b **= a 相当于 b = b ** a
//=	整除赋值	b //= a 相当于 b = b // a

为了便于读者更好地理解赋值运算符，下面通过一个示例演示赋值运算符的操作。

【例 2-8】赋值运算符操作。

```python
a = 5
b = 2
# 简单的赋值运算
c = a + b
print ("c 的值为：", c)
# 加法赋值运算
c += a
print ("c 的值为：", c)
# 乘法赋值运算
c *= a
print ("c 的值为：", c)
# 除法赋值运算
c /= a
print ("c 的值为：", c)
# 取模赋值运算
c = 12
c %= a
print ("c 的值为：", c)
# 幂赋值运算
a = 3
c **= a
print ("c 的值为：", c)
# 取整除赋值运算
c //= a
print ("c 的值为：", c)
```

保存并运行程序，结果如图 2-13 所示。

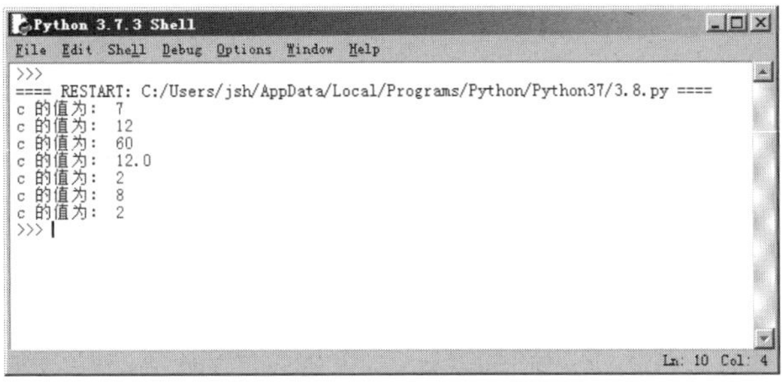

图 2-13　程序运行结果

2.7.5　位运算符

程序中所有的数在计算机内存中都是以二进制的形式存储的。位运算其实就是直接对整数在内存中的二进制位进行操作。Python 中的位运算符如下：

按位与（ & ）、按位或（ | ）、按位异或（ ^ ）、按位求反（ ~ ）、左移（ << ）、右移（ >> ）。位运算符是对其操作数按其二进制形式逐位进行运算，参加位运算的操作数必须为整数，下面分别进行介绍。

1. 按位与（ & ）

"&" 为双目运算符，左右两边各有一个操作数。运算法则是：先将其两边的操作数转换成位数相同（低位对齐，高位不足补零）的二进制数，然后对应位逐一进行与运算，如果对应的二进制位都是 1，则运算结果为 1，否则运算结果为 0。

例如：

```
a = 3          # 对应的二进制数为：  0 0 0 0   0 0 1 1
b = 5          # 对应的二进制数为：  0 0 0 0   0 1 0 1
               # 逻辑与运算
c = a & b      # 运算结果为：        0 0 0 0   0 0 0 1
print(c)       # 打印结果是：1
```

2. 按位或（ | ）

"|" 为双目运算符，左右两边各有一个操作数。运算法则是：先将其两边的操作数转换成位数相同（低位对齐，高位不足补零）的二进制数，然后对应位逐一进行或运算，如果对应的二进制位有一个为 1，则运算结果为 1，否则运算结果为 0。

例如：

```
a = 3          # 对应的二进制数为：  0 0 0 0   0 0 1 1
b = 5          # 对应的二进制数为：  0 0 0 0   0 1 0 1
               # 逻辑或运算
c = a | b      # 运算结果为：        0 0 0 0   0 1 1 1
print(c)       # 打印结果是：  7
```

3. 按位异或（^）

"^"为双目运算符，左右两边各有一个操作数。运算法则是：先将其两边的操作数转换成位数相同（低位对齐，高位不足补零）的二进制数，然后对应位逐一进行异或运算，如果对应的二进制位值不相同，则运算结果为 1，否则运算结果为 0。

例如：

```
a = 3          # 对应的二进制数为：0 0 0 0  0 0 1 1
b = 5          # 对应的二进制数为：0 0 0 0  0 1 0 1
               # 异或运算
c = a ^ b      # 运算结果为：      0 0 0 0  0 1 1 0
print(c)       # 打印结果是：6
```

4. 按位求反（~）

"~"是一元运算符，结果将操作数的每一位逐一取反。

例如：

```
a = 3          # 对应的二进制数为：0 0 0 0  0 0 1 1
               # 按位取反运算
c = ~a         # 运算结果为：      1 1 1 1  1 1 0 0
print(c)       # 打印结果是：-4
```

说明：示例中的正数取反之后，变成了负数，原因是正数的最高位是 0，取反之后变成了 1，最高位为 1 表示的是负数，负数补码表示法为原位取反，末位加 1（符号位不变），1111 1100 这是补码，按照负数表示法逆向表示为：先减 1，为 1111 1011，再取反为 1000 0100（首位 1 为负数的符号位），转换为十进制后为 -4。

5. 左移（<<）

左移就是把"<<"左边的运算数的各二进制位全部左移指定的位数，高位移出的丢弃，低位补 0。

例如：

```
a = 3          # 对应的二进制数为：0 0 0 0  0 0 1 1
               # 左移 2 位 << 2
c = a << 2     # 左移 2 位后为：    0 0 0 0  1 1 0 0
print(c)       # 打印结果为：12
```

左移一个二进制位，相当于乘 2 操作。左移 n 个二进制位，相当于乘以 2^n 操作。

左移运算有溢出问题，因为整数的最高位是符号位，当左移一位时，若符号位不变，则相当于乘以 2 操作，但若符号位变化时，就会发生溢出。

6. 右移（>>）

右移，就是把">>"左边的运算数的各二进制位全部右移指定的位数，低位移出的丢弃，高位的补 0 或 1。若运算数是有符号的整型数，则高位补符号位；若运算数是无符号的整型数，则高位补 0。右移一个二进制位，相当于除以 2 操作，右移 n 个二进制位相当于除以 2^n 操作，这里取的是商，不要余数。

例如：

```
a = 3            # 对应的二进制数为： 0 0 0 0  0 0 1 1
                 # 右移 2 位 >> 2：
c = a >> 2       # 右移 2 位后为：    0 0 0 0  0 0 0 0
print(c)         # 打印结果为： 0
```

为了便于读者更好地理解移位运算符，下面通过一个示例演示移位运算符的操作。

【例 2-9】移位运算符操作。

```
a = 3
b = 7
# 逻辑与运算
c = a & b
print ("c 的值为： ", c)
# 逻辑或运算
c = a | b
print ("c 的值为： ", c)
# 异或运算
c = a ^ b
print ("c 的值为： ", c)
# 取反运算
c = ~a
print ("c 的值为： ", c)
# 左移位运算
c = a << 2
print ("c 的值为： ", c)
# 右移位运算
c = a >> 2
print ("c 的值为： ", c)
```

保存并运行程序，结果如图 2-14 所示。

图 2-14　程序运行结果

2.7.6　成员运算符

Python 的成员运算符用来判断序列中是否存在某个成员。成员运算符如表 2-8 所示。

表2-8　成员运算符

操 作 符	描　　　述	示　　　例
in	x in y，如果 x 在序列 y 中，则计算结果为 True，否则为 False	'空调' in ['电视机','空调','洗衣机'] 计算结果为 True
not in	x not in y，如果 x 不在序列 y 中，则计算结果为 True，否则为 False	'空调' not in ['电视机','空调','洗衣机'] 计算结果为 False

示例代码如下：

```
>>> '空调' in ['电视机', '空调', '洗衣机']
True
>>> '空调' not in ['电视机', '空调', '洗衣机']
False
>>> '冰箱' in ['电视机', '空调', '洗衣机']
False
>>> '冰箱' not in ['电视机', '空调', '洗衣机']
True
```

2.7.7　标识运算符

Python 标识运算符为 is 和 is not。其中，is 判断两个变量是否引用同一个对象；is not 判断两个变量是否引用不同的对象。

为了便于读者更好地理解标识运算符，下面通过一个示例演示标识运算符的操作。

【例2-10】标识运算符操作。

```
a = "空调"
b = "冰箱"
#使用 is 运算符
if(a is b):
    print("a 和 b 引用同一个对象")
else:
    print("a 和 b 引用不同的对象")
#使用 is not 运算符
if(a is not b):
    print("a 和 b 引用不同的对象")
else:
    print("a 和 b 引用同一个对象")
#修改 b 的值
b = "空调"
#再次使用 is 运算符
if(a is b):
    print("修改后的 a 和 b 引用同一个对象")
else:
    print("修改后的 a 和 b 引用不同的对象")
```

保存并运行程序，结果如图2-15 所示。

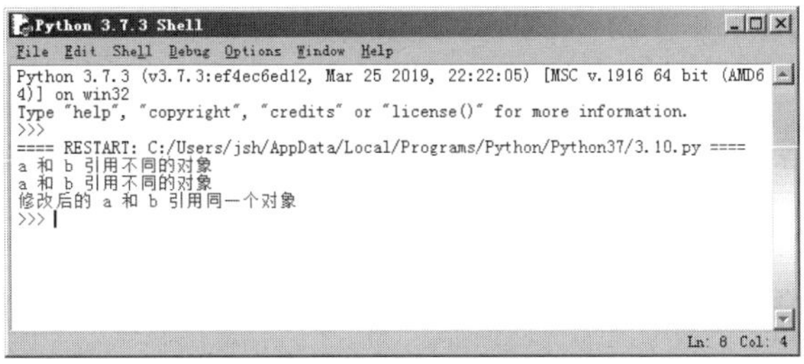

图 2-15　程序运行结果

2.8　运算符优先级

在一个表达式中出现多种运算符时，将按照预先确定的顺序计算各个组成部分，这个顺序称为运算符优先级。各种运算符的优先级如表 2-9 所示。

表 2-9　运算符优先级

优 先 级	运 算 符	描　　　述
1	**	幂
2	~ + -	求反、一元加号和减号
3	* / % //	乘、除、取模和整除
4	+ -	加法和减法
5	>> <<	左、右按位转移
6	&	按位与
7	^ |	按位异或和按位或
8	<= < > >=	比较（关系）运算符
9	<> == !=	比较（关系）运算符
10	= %= /= //= -= += *= **=	赋值运算符
11	is is not	标识运算符
12	in not in	成员运算符
13	not and or	逻辑运算符

为了便于读者更好地理解运算符的优先级，下面通过一个示例演示运算符的优先级。

【例 2-11】运算符优先级。

```
a = 3
b = 5
print("a = ",a)
print("b = ",b)
c = a + b * 2     # * 优先级高于 + , 先进行 * 运算, 再进行 + 运算
print("a + b * 2 = ", c)
c = a ** b >> 2   # ** 优先级高于 >> , 先进行 ** 运算, 再进行 >> 运算
print("a ** b >> 2 = ", c)
```

保存并运行程序，结果如图 2-16 所示。

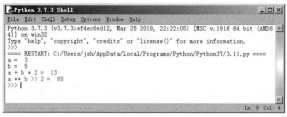

图 2-16　程序运行结果

小　　结

本章主要讲解了 Python 的语法特点、输入与输出、标识符、变量、简单数据类型和运算符及运算符的优先级，这些知识都是最基础的，也比较容易理解。通过本章的学习，希望读者能够了解 Python 的语法特点，掌握 Python 的基础语法知识。

习　　题

1. Python 的注释有哪几种？

2. Python 标准输入 / 输出函数是什么？

3. Python 的简单数据类型有哪些？

4. 以 3 为实部 4 为虚部，Python 复数的表达形式为 _____。

5. 布尔类型的值包括 _____ 和 _____。

6. 若 a = 10，那么 bin(a) 的值为 _____。

7. 若 b = 1.23，那么 int(b) 的值为 _____。

8. 若 a = 1，b = 2，那么 (a or b) 的值为 _____，(a and b) 的值为 _____。

9. 计算下列表达式的值，设 a=1，b=2，c=3。

（1）3 * 4 ** 5 / 2　　　　（2）a * 3 % 2

（3）a%3 +b*b− c//5　　（4）b**2−4*a*c

第(3)章

Python 控制语句

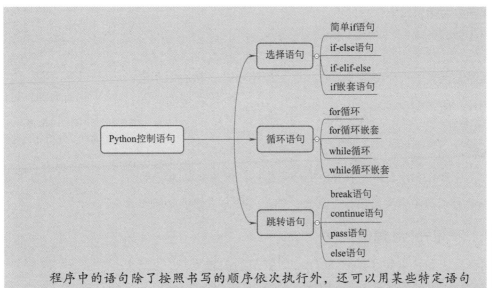

程序中的语句除了按照书写的顺序依次执行外，还可以用某些特定语句来控制程序执行方向，也就是流程控制。Python 语言中，流程控制语句包括选择语句、循环语句和跳转语句。

3.1 选择语句

选择语句也就是条件判断语句，会根据程序中某些特定条件来执行特定的语句。Python 语言支持 if 语句，if-else 语句和 if-elif-else 语句 3 种基本的条件判断语句。

3.1.1 简单 if 语句

if 语句是最简单的选择语句，由 if 关键字、条件表达式和执行语句 3 部分组成，语法格式如下：

```
if 条件表达式:
    执行语句
    ......
```

其基本语义是：只有条件表达式的值为 True 时，才会执行下面的一个或者多个执行语句。如果条件表达式的值为 False，则不会执行后面的语句。简单 if 语句的流程图，如图 3-1 所示。

【例 3-1】一个简单 if 语句的例子。

```
score = 95
if score >= 90:
    print(" 你的成绩是：优秀 !")
    print(" 你获得了奖学金 !")
```

程序运行结果如下：

```
你的成绩是：优秀！
你获得了奖学金！
```

程序先定义了一个变量 score，并且赋值为 95，然后用 if 语句判断 score>=90 是否为 True，如果为 True，则执行后面的两句 print 语句。

注意：

① if 后面的条件表达式不需要用括号包含，但是需要加冒号。

② 执行语句不需要用花括号包含，但是必须向右缩进相同的长度。

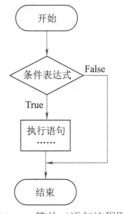

图 3-1　简单 if 语句流程图

3.1.2　if-else 语句

简单 if 语句只规定了条件为 True 时要执行的语句块，但是有时需要定义当条件值为 False 时执行的语句，那么可以使用 if-else 语句。其语法格式如下：

```
if 条件表达式：
    执行语句 1
    ......
else:
    执行语句 2
    ......
```

它的基本语义是：当条件表达式的值为 True 时执行语句 1，否则执行语句 2。流程图如图 3-2 所示。

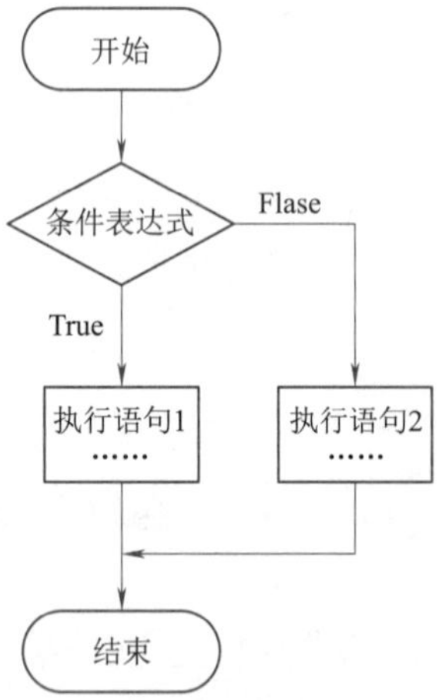

图 3-2　if-else 语句流程图

【例 3-2】一个简单 if-else 结构的例子。

```
score = 55
if score >= 60:
    print(" 你考试及格了 !")
else:
```

```
print("你考试不及格！")
```

程序运行结果如下：

你考试不及格！

以上程序中，如果条件表达式 score >= 60 的值是 True 执行第一个 print 语句，如果是 False 执行第二个 print 语句。由于 score 赋值是 55，所以条件表达式的值是 False，执行后一个 print 语句，输出"你考试不及格！"。

注意：

① if 和 else 要左对齐。

② else 后面需要加冒号。

3.1.3 if-elif-else 语句

选择语句

当需要判断的条件多于两种情况时，可以使用 if-elif-else 结构进行多条件检查。Python 会从上往下依次检查每个代码块，直至遇见通过了的条件测试，执行后面的执行语句，并跳过余下的条件测试。需要注意的是 Python 只会执行整个结构中的一种情况。语法格式如下：

```
if 条件表达式 1:
    执行语句 1
    ……
elif 条件表达式 2:
    执行语句 2
    ……
elif 条件表达式 3:
    执行语句 3
    ……
……
else:
    执行语句 n
    ……
```

它的基本语义是：先判断条件表达式 1 的值，如果为 True，则运行后面的执行语句 1，然后结束整个判断结构；如果为 False，跳过执行语句 1，继续判断 elif 后面的条件表达式 2 的值，如果条件表达式 2 为 True，则运行后面的执行语句 2，然后结束整个判断结构；否则继续判断条件表达式 3，依此类推；如果前面所有的条件表达式的值都为 False，则运行 else 后面的执行语句 n。需要注意的是，最后的 else 语句块是可以省略的，也就是，当所有条件都不满足时，不执行任何动作。if-elif-else 结构的流程图如图 3-3 所示。

【例 3-3】使用多分支结构把一个百分制分数转换成五级评分制。

```
score = 95
if score >= 90:
    print("优秀")
elif score >= 80:
    print("良好")
elif score >= 70:
    print("中等")
elif score >= 60:
    print("及格")
else:
    print("不及格")
```

程序运行结果如下：

```
优秀
```

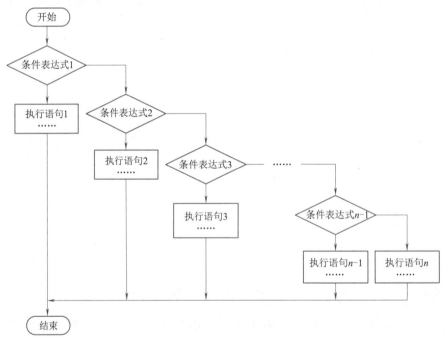

图 3-3　if-elif-else 语句流程图

Python 条件判断语句是从上往下依次检查每个条件表达式，如果遇到一个条件表达式的值为 True，那么后面所有条件表达式都不会被执行，因此在写条件判断时一定要注意判断的顺序。

【例 3-4】百分制转换成五级评分制，判断的顺序不一样，输出的结果也不一样。

```
score = 95
if score >= 60:
    print("及格")
```

```
elif score >= 70:
    print("中等")
elif score >= 80:
    print("良好")
elif score >= 90:
    print("优秀")
else:
    print('未及格')
```

程序运行结果如下：

```
及格
```

以上程序中，score 赋值是 95，应该转换为五级评分制的"优秀"。但是，当程序执行第一个条件表达式时，"socre>=60"为 True，所以执行了第一个 print 语句，输出了"及格"，然后就结束了整个条件判断。在这个例子中由于判断顺序不合理，导致了程序与预期的输出结果不同。

3.1.4　if 嵌套语句

if 嵌套语句就是在执行语句内部包含更进一步的条件判断。if 嵌套语句的语法格式如下：

```
if 条件表达式 1:
    执行语句 1
    ……
    if 条件表达式 2:
        执行语句 2
        ……
    else:
        执行语句 3
        ……
else:
    执行语句 4
    ……
```

在以上嵌套语句中，先判断外层 if 的条件表达式 1 是否为真，如果为 True，则执行语句 1，并且继续进行条件表达式 2 的判断，如果条件表达式 2 的值为 True，则执行语句 2，否则执行语句 3。如果条件表达式 1 的值为 False，则直接执行语句 4。

需要注意的是，if 语句可以嵌套多层，并且简单 if 语句，if-else 语句和 if-elif-else 语句都可以相互嵌套。

下面是一个 if 嵌套语句的例子。

【例 3-5】某城市地铁车票售价规定：乘 1～4 站，3 元 / 位，乘 5～9 站，4 元 / 位，乘 9 站以上，5 元 / 位。要求写程序，按照输入的人数和站数，输出应付款。

```
station = int(input('请输入乘车站数：'))
people = int(input('请输入乘车人数：'))
```

```
if station <= 9:
    if station <= 4:
        money = people*3
    else:
        money = people*4
else:
    money = people*5
print("应付钱数为：", money)
```

程序运行结果如下：

```
请输入乘车站数：4
请输入乘车人数：2
应付钱数为：  6
```

在以上程序中，首先需要从键盘输入车站数 station 和乘车人数 people；然后进入第一层的 if 条件判断 "station <= 9"，这里输入的车站数是 4，所以判断结果为 True；接着进入第二层的 if 条件判断 "station <=4"，判断结果仍为 True，所以执行 "money=people*3"，得到应付钱数为：6。

注意：在 Python 中没有花括号标记代码块，需要严格的缩进来标记代码块，所以在写嵌套语句时，一定要用规范的缩进来匹配 if 和 else。

3.2 循环语句

for 循环

循环语句的作用是反复执行一段代码，直到满足终止条件为止。Python 语言中提供的循环语句有 for 循环语句和 while 循环语句。

3.2.1 for 循环

Python 语言中的 for 循环可以遍历任何一个可迭代对象，比如可以遍历一个字符串、列表、元组、字典、集合等。for 循环语句的格式如下：

```
for 循环变量 in 可迭代对象：
    执行语句 1
    ……
```

其基本语义是：从"可迭代对象"中取出一个元素放入"循环变量"中，然后执行语句 1，直到可迭代对象的所有元素都取出为止。

【例 3-6】用 for 循环遍历一个字符串。

```
strings = "Hello World"
for s in strings:
    print(s)
```

程序运行结果如下：

```
H
e
l
l
o

W
o
r
l
d
```

在以上程序中，for 循环依次从字符串变量 strings 中读取出字母，放入循环变量 s 中，然后通过执行语句中的 print 方法把每个字母打印输出。

如果用 for 循环遍历一个整数序列，需要用内置 range() 函数，语法格式如下：

```
range([start,] stop[, step])
```

参数说明：

start：表示计数从 start 开始，是可选参数，默认是从 0 开始。

例如：range（5）等价于 range（0, 5），产生的序列是 [0, 1, 2, 3, 4]。

stop：表示计数到 stop 结束，但不包括 stop。

例如：range（0, 5），产生的序列是 [0, 1, 2, 3, 4]，没有 5。

step：表示步长，是可选参数，默认为 1。

例如：range（0, 5）等价于 range(0, 5, 1)

【例 3-7】求从 0 到 10 之间（不包含 10）的整数之和。

```
mysum = 0
for x in range(10):
    mysum = mysum + x
    print("%d" % x, end="")
    if x < 9:
        print("+", end="")
print("=%d" % mysum)
```

程序运行结果如下：

```
0+1+2+3+4+5+6+7+8+9=45
```

以上程序中，函数 range(10) 生成一个数列 [0,1,2,3,4,5,6,7,8,9]，for 循环依次从数列中取出数字放入变量 x 中，然后执行 mysum=mysum+x 进行累加计算；第一个 print 方法依次打印出数字，第二个 print 方法在数字后面打印出加号，其中参数 end="" 表示不换行，这两个方法都位于循环体内部，所以能够依次打印出数列；第三个 print 位于循环体之外，打印出等号以及最后的求和结果。需要注意的是，for 循环通过缩进来确定循环体的范围，比如最后一个 print 方法与 for 对齐，说明它不在循环体内。

3.2.2 for 循环嵌套

循环嵌套就是把内层循环当成外层循环的循环体。只有内层循环结束时，才会完全跳出内层循环，才可以结束外层循环的当次循环，开始下一次循环。

for 循环中还可以嵌套 for 循环，它的语法格式如下：

```
for 循环变量1 in 可迭代对象1：
    执行语句1
    ……
    for 循环变量2 in 可迭代对象2：
        执行语句2
        ……
```

在以上嵌套循环中，每执行一次外层的 for 循环语句，都要将内层的 for 循环重复执行到结束。注意内层 for 循环是用缩进来表示的。

【例 3-8】使用 for 嵌套循环实现乘法口诀表。

```
product = 0
for i in range(1, 10):
    for j in range(1, i+1):
        product = i*j
        print('%d×%d=%d' % (i, j, product), end="\t")
    print()
```

程序运行结果如下：

```
1×1=1
2×1=2  2×2=4
3×1=3  3×2=6   3×3=9
4×1=4  4×2=8   4×3=12   4×4=16
5×1=5  5×2=10  5×3=15   5×4=20 5×5=25
6×1=6  6×2=12  6×3=18   6×4=24 6×5=30 6×6=36
7×1=7  7×2=14  7×3=21   7×4=28 7×5=35 7×6=42 7×7=49
8×1=8  8×2=16  8×3=24   8×4=32 8×5=40 8×6=48 8×7=56 8×8=64
9×1=9  9×2=18  9×3=27   9×4=36 9×5=45 9×6=54 9×7=63 9×8=72   9×9=81
```

以上程序中，外层 for 循环的第 i 次迭代就要打印出乘法表的第 i 行；内层 for 循环完成第 i 行、第 j 个乘法公式的计算和打印，当内层循环结束就打印出了第 i 行所有的计算式。

3.2.3 while 循环

while 循环是一种条件控制循环，当条件满足时重复执行语句，直到条件不满足为止。while 循环的语法格式如下：

```
while 条件表达式：
```

```
执行语句 1
执行语句 2
……
```

在 while 循环中，先判断条件表达的值是否为 True，如果表达式返回的值为 True，则依次执行语句 1、执行语句 2 等，直到循环体执行结束；然后重新回到 while 的第一行重新计算条件表达式的值，如果为 True，再次执行语句 1、语句 2 等。每次循环体执行结束都要重新计算条件表达式的值，直到表达式返回的值为 False 时结束循环。

【例 3-9】使用 while 循环计算 10 的阶乘的值。

```
i = 1
results = 1
while i <= 10:
    results = results * i
    i = i + 1
print('10 的阶乘是：%d' % results)
```

程序运行结果如下：

```
10 的阶乘是：3628800
```

以上循环语句，先判断条件表达式"i<=10"的返回值是否为 True，如果是 True，则执行循环体中的语句，然后进行下一次判断；如果是 False，则结束循环，执行 print 方法输出计算结果。

3.2.4 while 循环嵌套

可以在 while 循环中嵌套其他循环，while 循环嵌套的语法如下：

```
while 条件表达式 1:
    执行语句 1
    ……
    while 条件表达式 2:
        执行语句 2
        ……
```

在以上程序中，先判断条件表达式 1 的值，如果是 True，则执行语句 1，并且执行内层 while 循环；当内层循环结束时，再次进行条件表达式 1 的判断，直到结果为 False 结束循环。

【例 3-10】使用 while 嵌套循环输出 * 星号组成的倒三角形。

```
line = 5
while line > 0:
    tmp = line
    while tmp > 0:
        print("*", end=" ")
        tmp = tmp - 1
    print()
    line = line - 1
```

程序运行结果如下：

```
* * * * *
* * * *
* * *
* *
*
```

以上程序的外层 while 循环实现对行的控制，由于 line 初始值是 5，所以一共有 5 行；内层循环控制一行内符号的打印输出，语句"tmp = tmp−1"实现了对内层循环次数的控制。第二个 print 方法实现一行结束后的换行，语句"line = line−1"属于外层循环，实现了对外层循环次数的控制。

事实上，Python 语言支持 while 循环和 for 循环之间的互相嵌套。下面是一个混合循环嵌套的例子。

【例 3-11】用 while 循环和 for 循环的混合嵌套输出 * 星号组成的正方形。

```
i = 0
while i < 5:
    for j in range(0,5):
        print('*', end="  ")
    print()
    i =i + 1
```

程序运行结果如下：

```
*   *   *   *   *
*   *   *   *   *
*   *   *   *   *
*   *   *   *   *
*   *   *   *   *
```

3.3 跳转语句

跳转语句用于实现程序执行过程中的流程转移。

3.3.1 break 语句

在 Python 语言中，break 语句用于强行跳出当前层的循环，也就是说如果 break 语句出现在嵌套循环的内层循环时，它会跳出当前的一层循环。

【例 3-12】使用 while 嵌套循环输出 2~10 之间的素数。

跳转语句

```
i = 2
while i <= 10:
    j = 2
    while j <= (i/2):
```

```
        if i%j == 0:
            break
        j = j + 1
    if j > (i/2):
        print("%d 是素数" % i)
    i = i + 1
```

程序运行结果如下：

```
2 是素数
3 是素数
5 是素数
7 是素数
```

在以上程序中，外层循环控制需要验证的数字，从 2 开始到 10 结束；内层循环对数字 i 进行验证，如果"i % j == 0"，则数字 i 不是素数，不需要再继续计算验证，所以用 break 语句跳出内层循环，并且对 i 加 1，进入下一个数字的验证。

3.3.2　continue 语句

continue 表示跳出当次循环进入下一次循环。也就是当程序运行到 continue 语句时，会停止执行循环体剩余的语句，然后回到循环的开始处继续执行下一次循环。

【例 3-13】输出 1~10 之间所有不能被 3 整除的自然数。

```
print("1 到 10 之间不能被 3 整除的自然数有: ")
for i in range(1,11):
    if i % 3 == 0:
        continue
    print(i, end=",")
```

程序运行结果如下：

```
1 到 10 之间不能被 3 整除的自然数有:
1,2,4,5,7,8,10,
```

在以上程序中，当"i % 3 == 0"为 True 时，数字 i 能够被 3 整除，所以不需要输出，则执行 continue 语句直接进入下一次循环，不再执行打印语句。

break 语句与 continue 语句的主要区别是：break 语句直接结束循环；continue 语句只是跳出当次循环，继续进行下一次循环。

针对上一个例子如果使用 break 语句效果如下。

【例 3-14】break 语句与 continue 语句对比。

```
print("1 到 10 之间不能被 3 整除的自然数有: ")
for i in range(1,11):
    if i % 3 == 0:
        break
    print(i, end=",")
```

程序运行结果如下：

```
1 到 10 之间不能被 3 整除的自然数有：
1,2,
```

从以上结果可以看出，并没有正确输出所有满足条件的自然数。因为当 i 取值为 3 时，语句"i % 3 ==0"为 True，然后执行了 break 语句，结束了整个 for 循环，所以无法继续进行后面数字的验证。

3.3.3　pass 语句

pass 语句表示空代码，也就是程序不做任何事情。由于 Python 语言没有花括号来表示代码块，但是在有些地方如果没有代码，系统会报错，此时就可以使用 pass 语句。pass 语句常用来标记留待以后开发的代码，作为占位符使用。

比如以下代码表示 for 循环中什么也不做，留待以后添加代码

```
for i in range(0,10):
    pass
```

在以上程序中，如果没有 pass 语句，系统会提示错误，导致程序无法执行。

3.3.4　else 语句

在 Python 语言中，else 语句不仅可以与 if 语句一起使用，还可以和循环语句一起使用，语法格式如下：

用于 for 循环：

```
for 循环变量 in 可迭代对象:
    执行语句 1
    ……
else:
    执行语句 2
    ……
```

用于 while 循环：

```
while 条件表达式:
    执行语句 1
    ……
else:
    执行语句 2
```

其语义是：else 子句在循环语句正常结束后执行，也就是 for 循环的所有元素都迭代完以后，或者 while 循环的条件表达式值为 False 以后执行。但是如果循环遇到 break 语句而终止的情况下不执行。

【例 3-15】else 语句用于 for 循环。

```
for i in range(0,6):
```

```
        print(i, end=",")
else:
    print()
    print("缺少 6")
```

程序运行结果如下：

```
0,1,2,3,4,5,
缺少 6
```

程序在执行完 for 循环语句后，又接着执行了 else 语句后面的两个打印语句。

小　结

本章主要讲解了 Python 的控制语句，包括选择语句、for 循环、while 循环和跳转语句。控制语句是 Python 程序设计中最基本的语法结构。在实际应用中，控制语句是实现各种功能的基础。希望通过本章的学习，读者能够掌握 Python 控制语句的语法，并且能够熟练地应用 Python 控制语句解决实际问题。

习　题

1. Python 的控制语句有哪几种？

2. 编程实现如下功能：用户输入年份，然后判断该年份是否为闰年并输出结果。(判断闰年的方法是该年能被 4 整除并且不能被 100 整除，或者是可以被 400 整除。)

3. 接收用户输入的一个字符串，如果是正整数就判断是否能同时被 3 和 7 整除，并输出判断结果。

4. 编程实现如下功能：用户输入两个整数，然后计算这两个整数之间的所有奇数之和并输出结果。

5. 编程实现如下功能：用户输入两个整数，然后计算这两个整数之间的所有素数之和并输出结果。

第④章

Python 数据结构

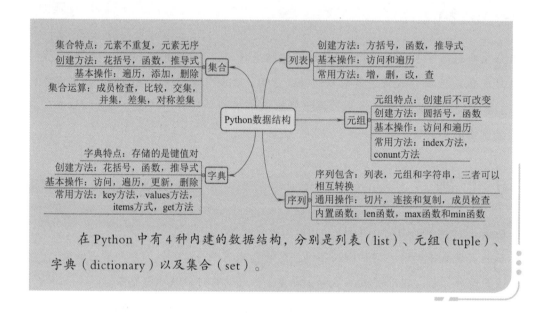

在 Python 中有 4 种内建的数据结构，分别是列表（list）、元组（tuple）、字典（dictionary）以及集合（set）。

4.1 列　表

列表（list）是 Python 主要的数据结构。列表经常用来存储任意大小的数据集合，并且提供了高效有条理的方式来管理数据。一个列表中可以包含任意个数据，每一个数据称为一个元素，同一个列表中的元素可以是不同的数据类型，可以是整数、字符串等基本数据类型，也可以是列表，集合以及其他自定义的对象。

4.1.1 列表的创建

列表是一种有序的序列，也就是说，list 中的元素是按照顺序排列的。list 的所有元素都位于一个方括号内，元素之间用逗号间隔。list 的创建方法有以下几种。

列表

1. 使用方括号创建

最基本的创建方法是将元素放在一对方括号内并且用逗号隔开,再把list赋值给一个变量,这样就可以通过变量来引用list。示例如下:

```
L1 = ['Adam', 95.5, 'Lisa', 85, 'Bart', 59]
print(L1)
```

程序运行结果如下:

```
['Adam', 95.5, 'Lisa', 85, 'Bart', 59]
```

需要注意的是,如果方括号中为空,则创建一个空的列表,如:L=[ ]。

列表中的元素可以是任意数据类型,可以是基本数据类型,也可以是列表等高级数据类型。示例如下:

```
L1 = ['Adam', 'Lisa','Bart',[89,90,89]]
print(L1)
```

运行结果如下:

```
['Adam', 'Lisa', 'Bart', [89, 90, 89]]
```

2. 使用构造函数来创建

Python 提供了 list 类的构造函数,可以用来创建列表,语法格式如下:

```
变量 = list([ 可迭代对象 ])
```

以上格式中,创建一个列表赋值给变量,参数是可迭代对象。方括号表示参数是可选项,如果没有参数,会创建一个空的列表给变量。

示例如下:

```
L2 = list([1,"red",2,"green",3,"blue"])
print(L2)
```

程序运行结果如下:

```
[1, 'red', 2, 'green', 3, 'blue']
```

3. 使用列表推导式创建

列表推导式是利用已有的列表根据要求创建一个新的列表,主要用于动态创建列表。语法格式如下:

```
[ 新元素表达式 for 临时变量 in 可迭代对象 if 条件表达式 ]
```

以上语法含义是:用 for 循环取出"可迭代对象"中的元素放入"临时变量"中,然后判断该元素是否符合"if 条件表达式",如果条件表达式的值为 True,则把该元素放入"新元素表达式"计算出新的元素值。需要注意的是 if 条件表达式是可以省略的。

示例如下:

```
nums = [1,2,3,4,5]
```

```
L3 = [n * 2 for n in nums]
print(L3)
```

程序运行结果如下：

```
[2, 4, 6, 8, 10]
```

这个程序的目的是把列表 nums 中的每一个元素都乘以 2 作为新列表的元素。先用 for 循环把列表 nums 中的元素取出放入 n 中，再计算表达式 n*2 的值作为新元素，最后输出了新的列表。

带有 if 条件表达式的示例如下：

```
nums = [1,2,3,4,5,6,7,8]
L4 = [n + 10 for n in nums if n % 2 != 0]
print(L4)
```

程序运行结果如下：

```
[11, 13, 15, 17]
```

该程序的目的是把列表 nums 中的每一个奇数都加 10 作为新列表的元素。先用 for 循环把列表 nums 中的元素取出放入 n 中，再判断条件表达式 "n % 2 != 0" 是否为 True，如果为真，再计算表达式 n+10 的值作为新列表的元素，最后输出新的列表。

4.1.2 列表的基本操作

列表的基本操作有访问列表元素和遍历列表，下面对这些操作进行详细介绍。

1. 访问列表元素

列表中的元素是有顺序的，所以可以通过下标来访问元素。列表的下标是从 0 开始的，如果一个列表长度为 n，那么它的下标是从 0 到 n−1。语法如下：

```
变量 = 列表名 [下标]
```

示例如下：

```
L5 = ['Adam', 'Lisa','Bart']
s = L5[0]
print(s)
```

程序运行结果如下：

```
Adam
```

列表可以通过负数下标来进行倒序访问，下标 −1 表示倒数第一个元素，−2 表示倒数第二个元素，以此类推，如果列表的长度是 n，那么第一个元素的下标是 −n。

示例如下：

```
L5 = ['Adam', 'Lisa','Bart']
s = L5[-1]
print(s)
```

程序运行结果如下：

```
Bart
```

列表元素的下标表示方法是可以直接像变量一样使用的，可以进行读取、写入以及计算等操作，称为下标变量。可以用下标变量直接修改列表中的某一个元素。

示例如下：

```
nums = [1,2,3,4,5]
nums[0] = nums[1] + nums[-1]
print(nums)
```

程序运行结果如下：

```
[7, 2, 3, 4, 5]
```

以上代码的目的是，把列表 nums 中的第二个元素和最后一个元素相加，然后放入到第一个元素的位置上。从输出结果可以看出下标为 0 的元素由原来的 1 被修改为 7。

2. 列表的遍历

遍历就是对列表中的每一个元素都做一次访问，可以使用循环来实现对列表的遍历。

使用 for 循环实现列表遍历的语法如下：

```
for 循环变量 in 列表名
    print (循环变量)
```

该语法的含义是：从列表名指代的列表中依次读取元素放入循环变量中，然后打印输出该变量。

示例如下：

```
L5 = ['Adam', 'Lisa','Bart']
for s in L5:
    print(s)
```

程序运行结果如下：

```
Adam
Lisa
Bart
```

以上程序先从列表 L5 中依次读取元素放入变量 s 中，然后打印输出该元素。

使用 while 循环实现遍历，就是通过循环列表的下标依次访问各元素，语法如下：

```
while 循环变量 < 列表长度
    print (列表名 [循环变量])
    循环变量 = 循环变量 +1
```

以上语法中，通过列表长度来控制 while 循环的次数，采用下标的方式依次读取元素。其中，列表长度可以通过内置函数 len(列表名) 获取。

示例如下：

```
L2 = ["red"," green"," blue"]
i=0
while i < len(L2):
    print(L2[i])
    i = i+1
```

程序运行结果如下：

```
red
green
blue
```

程序中，使用 len（L2）获得了列表的长度作为 while 循环条件的上限，然后使用 L2[i] 依次读取元素，并打印输出。

4.1.3　列表的相关方法

列表 list 是一个类，一旦一个列表被创建就构造了一个列表对象，可以使用该列表对象调用类的成员方法，也就是可以用列表名调用列表的相关方法。语法格式如下：

```
列表名 . 方法名（参数）
```

下面对列表 list 的一些常用方法进行详细介绍。

1. append() 方法

语法格式如下：

```
列表名 .append(x)
```

该方法在列表的末尾添加元素 x，示例如下：

```
L1 = ["red","green","blue"]
L1.append('black')
print(L1)
```

程序运行结果如下：

```
['red', 'green', 'blue', 'black']
```

以上程序中，列表 L1 使用 append 方法在末尾又添加了一个元素"black"。

2. insert() 方法

语法格式如下：

```
列表名 .insert（i,x）
```

该方法在列表的下标 i 处插入一个元素 x，示例如下：

```
L2 = ['Adam', 'Lisa','Bart']
L2.insert(1,'Joan')
print(L2)
```

程序运行结果如下：

```
['Adam', 'Joan', 'Lisa', 'Bart']
```

以上代码使用 insert 方法在列表 L2 的索引为 1 的位置添加了新元素 "Joan"，原来的元素向后移一个位置，相当于在列表中添加了一个元素，列表长度由原来的 3 变为 4。

3. extend() 方法

语法格式如下：

```
列表名.extend(L)
```

该方法将列表 L 的所有元素添加到 "列表名" 所示的原列表的末尾。示例如下：

```
L1 = ["red","green","blue"]
L2 = ['Adam', 'Lisa','Bart']
L1.extend(L2)
print(L1)
print(L2)
```

程序运行结果如下：

```
['red', 'green', 'blue', 'Adam', 'Lisa', 'Bart']
['Adam', 'Lisa', 'Bart']
```

在以上程序中，extend 方法将列表 L2 的元素添加到列表 L1 的末尾，最后打印输出的结果显示 L1 的元素增加了，L2 的元素不变。

4. remove() 方法

语法格式如下：

```
列表名.remove(x)
```

该方法用于删除列表中第一个与 x 匹配的元素。示例如下：

```
L1 = ["red","green","blue"]
L1.remove("red")
print(L1)
```

程序运行结果如下：

```
['green', 'blue']
```

在以上程序中，remove 方法删除了 L1 中的元素 "red"，因此打印输出 L1 时只剩余 2 个元素。

如果列表中没有指定的元素 x，系统会报错。示例如下：

```
L1 = ["red","green","blue"]
L1.remove("black")
print(L1)
```

程序运行结果如下：

```
Traceback (most recent call last):
  File "F:/pythontest/list-fangfa.py", line 16, in <module>
    L1.remove("black")
ValueError: list.remove(x): x not in list
```

以上程序中，由于 L1 中没有元素"black"，所以运行时会报出列表中没有 x 的错误。

5. pop() 方法

语法格式如下：

```
列表名 .pop ( obj=list[-1] )
```

该方法从列表中移除 obj 指定的元素对象，并且返回从列表中移除的元素对象。需要注意的是，如果没有参数，则默认移除最后一个元素。示例如下：

```
L1 = ["red","green","blue"]
s = L1.pop(1)
print(s)
print(L1)
```

程序运行结果如下：

```
green
['red', 'blue']
```

以上程序中，pop 方法移除 L1 中下标为 1 的元素，并且把该元素放入了变量 s 中，因此，第一个 print 方法打印出了移除的元素"green"，第二个 print 方法打印输出了移除以后列表 L1 的元素。

6. index() 方法

语法格式如下：

```
列表名 .index(x)
```

该方法用于返回列表中第一个与 x 匹配的元素的下标位置。需要注意的是，如果没有找到匹配的元素，系统会报错。

示例如下：

```
L1 = ["red","green","blue","red"]
s = L1.index("red")
print(s)
```

程序运行结果如下：

```
0
```

以上程序中，index 方法找到列表 L1 中的第一个"red"元素，并且把该元素的下标位置值写入变量 s 中，因此，print 方法打印出了该元素的下标位置 0。

7. count() 方法

语法格式如下：

```
列表名 .count(x)
```

该方法用于返回列表中元素 x 出现的次数。

示例如下：

```
L1 = ["Lisa","red","green","Lisa","Adam","Lisa","Bart"]
s = L1.count("Lisa")
print(s)
```

程序运行结果如下：

```
3
```

以上程序中，count 方法统计列表 L1 中的元素"Lisa"的个数是 3 个。

8. reverse() 方法

语法格式如下：

```
列表名.reverse()
```

该方法用于反转列表中元素的位置，也就是对列表中的元素进行逆序操作。

示例如下：

```
L1=["Adam","Lisa","Bart"]
L1.reverse()
print(L1)
```

程序运行结果如下：

```
['Bart', 'Lisa', 'Adam']
```

以上程序中，reverse 方法将列表 L1 中的元素进行了逆序排列。

9. sort() 方法

语法格式如下：

```
列表名.sort(cmp=None,key=None,reverse=False)
```

该方法用于对列表元素进行排序。其中的三个参数分别是：cmp 表示自定义的比较函数，默认情况下是按照升序排序；key 用来指定元素比较时的关键字，默认情况下直接对元素排序；reverse 如果赋值为 True 则对排序后的结果进行再逆序操作。

示例如下：

```
L1=["red","green","blue"]
L1.sort()
print(L1)
```

程序运行结果如下：

```
['blue', 'green', 'red']
```

以上程序中，sort 方法直接对列表 L1 中的元素按照首字母进行了升序排列。

如果指定 key 的值，则可以按照指定的关键字进行排序。示例如下：

```
L1=["red","green","blue"]
L1.sort(key = len)
print(L1)
```

程序运行结果如下：

```
['red', 'blue', 'green']
```

以上程序中，sort 方法指定参数 "key=len" 含义是按照每个元素的长度进行排序。因此
输出结果是按照元素中字符串的长度升序排列。

4.2 元　　组

元组（tuple）是 Python 中另一种有序的序列，它与列表非常相似，不同之处是元组是
不可变的，也就是，元组一旦创建完成，就不能对元素进行修改。

4.2.1 元组的创建

元组是使用圆括号来包含元素的，元素直接用逗号间隔。元组的创建比
较简单，下面进行简单的介绍。

1. 使用圆括号创建

可以将元素放在一对圆括号内，并且用逗号隔开，来创建一个元组。

示例如下：

```
T1 = ('张三', 95.5, '李四', 85, '王五', 59)
print(T1)
```

程序运行结果如下：

```
('张三', 95.5, '李四', 85, '王五', 59)
```

需要注意的是，如果创建一个空 tuple，可以直接用 () 表示，如 T=()。但是，如果创建
含有一个元素的 tuple，需要在元素后面加逗号。示例如下：

```
T1 =()
print(T1)
T2 = ('张三')
print(T2)
T3 = ('张三',)
print(T3)
```

程序运行结果如下：

```
()
张三
('张三',)
```

从以上程序可以看出，如果不加逗号，输出的 T1 是一个字符串，由于括号也可以表示
运算时的优先级，因此程序中的（'张三'）被 Python 解释器作为表达式进行计算，输出结果
是字符串，而不是一个元组 tuple。

2. 使用构造函数创建

Python 提供了 tuple 类的构造函数，可以用来创建元组，语法格式如下：

```
变量 = tuple([可迭代对象])
```

以上格式中，创建一个元组赋值给变量，参数是可迭代对象。方括号表示参数是可选项，如果没有参数，会创建一个空的元组给变量。

示例如下：

```
T1 = tuple("green")
print(T1)
T2 = tuple([1, "red", 2, "green"])
print(T2)
T3 = tuple()
print(T3)
```

程序运行结果如下：

```
('g', 'r', 'e', 'e', 'n')
(1, 'red', 2, 'green')
()
```

以上程序中创建了三个元组，以字符串 "green" 为参数创建了元组 T1；以列表为参数创建了元组 T2；最后创建了一个空元组 T3。

4.2.2　元组的基本操作

1. 元组的访问与遍历

元组也有下标访问、元组遍历等基本操作，而且这些操作的语法与列表十分相似，这里不再详细讲解，下面用一个例子来说明元组的基本操作。

示例如下：

```
T1 = ('张三','李四','王五')
print("用 while 循环遍历输出元组如下：")
i=0
while i < len(T1):
    print(T1[i])
    i = i+1

print("用 for 循环遍历输出元组如下：")
for s in T1:
    print(s)
```

程序运行结果如下：

```
用 while 循环遍历输出元组如下：
张三
李四
王五
```

```
用 for 循环遍历输出元组如下：
张三
李四
王五
```

以上程序分别用 while 循环和 for 循环方法遍历输出元组 T1 中的元素。在 while 循环中，"print（T1[i]）"语句打印输出索引位置为 i 的元素。"len（T1）"获取元组的长度。从循环条件可以看出，如果元组中有 n 个元素，那么元组的下标也是从 0 到 n−1。

2. 元组与列表的区别

元组与列表的不同之处是元组是不可变的，也就是，元组一旦创建完成，就不能对元素进行修改。因此元组的下标表示方法只能访问元素，不能修改元素。下面两段代码说明了列表和元组的区别。

示例 1：

```
L1 = ['张三','李四']
L1[1] = '王五'
print(L1)
```

程序运行结果如下：

```
['张三', '王五']
```

示例 2：

```
T1 = ('张三','李四')
T1[1] ='王五'
print(T1)
```

程序运行结果如下：

```
Traceback (most recent call last):
  File "F:/pythontest/tuple-chuangjian.py", line 16, in <module>
    T1[1] =' 王五 '
TypeError: 'tuple' object does not support item assignment
```

从以上两段程序可以看出，两个程序的功能都是修改序列中的第二个元素的值，但是列表能够修改成功，元组会报出不支持的错误。

4.2.3 元组的相关方法

由于元组是不可变序列，元组一旦定义就不允许增加、删除和修改元素，所以 tuple 类没有提供 append、insert 和 remove 等一系列修改元素的方法。元组的常用方法有两个，一个是 index 方法用于查找元素在元组中的索引位置，另一个是 count 方法用来统计元素在元组中出现的次数。这两个方法的语法与列表十分相似，这里不再详细讲解，下面用一个例子来说明方法的使用。

示例如下：

```
T1 = ('张三','李四','王五','小明','张三','小花','李四','张三')

print('用 index 方法查找元素 " 张三 " 位置是：',end='')
print(T1.index('张三'))

print('用 count 方法统计元素 " 张三 " 出现的次数是：',end='')
print(T1.count('张三'))
```

程序运行结果如下：

```
用 index 方法查找元素 " 张三 " 位置是：0
用 count 方法统计元素 " 张三 " 出现的次数是：3
```

以上程序中，用 index 方法获取元组 T1 中"张三"的索引位置，第一个匹配元素的索引位置是 0，因此打印输出了 0。用 count 方法统计"张三"在元组中出现了 3 次。

4.3　序列及通用操作

序列是 Python 中最基本的数据结构。序列中的每个元素都分配一个索引，如果有 n 个元素，那么第一个索引是 0，第二个索引是 1，依此类推，最后一个元素索引为 n–1。另外，可以用负数来逆序表示元素的索引，最后一个元素的索引是 –1，倒数第二个元素索引是 –2，以此类推，第一个元素索引是 –n。

前面章节中的列表、元组以及字符串都是序列。这些序列都可以使用以下操作：切片、连接和复制、成员检查、计算长度、取最大值等。

4.3.1　切片操作

序列可以用切片操作来访问一定范围内的元素，语法格式如下：

```
序列名 [i:j:k]
```

以上操作中，i 表示开始索引位置，j 表示结束索引位置。其作用是，读取从索引 i 到索引 j–1 的所有元素，其中 k 是读取元素时的步长，默认值是 1。

示例如下：

序列

```
L1 = ['a','b','c','d','e','f','g']
T1 = ('a','b','c','d','e','f','g')
S1 = 'abcdefg'

print(L1[1:6:2])
print(T1[1:6])
print(S1[-5:-1])
```

程序运行结果如下：

```
['b', 'd', 'f']
('b', 'c', 'd', 'e', 'f')
cdef
```

以上程序中，先定义了三种序列，然后在第一个 print 方法中，获取了列表 L1 中从索引为 1 到索引为 5 的元素，步长为 2；第二个 print 方法，获取了元组 T1 中从索引为 1 到索引为 5 的元素，默认步长为 1；第三个 print 方法，获取了字符串 S1 中从索引为 –5 到索引为 –2 的元素，步长为 1。

需要注意的是，在切片操作中开始索引和结束索引都可以为空，下面是切片操作几种用法的介绍。

①如果切片的结束索引 j 为空，那么获取从开始索引 i 到序列结束的所有元素。

②如果切片的开始索引 i 为空，那么获取从序列开始到索引为 j–1 的元素。

③如果开始和结束的索引都为空，那么获取整个序列。

④根据获取元素的顺序，如果开始元素位于结束元素之后，那么获取一个空序列。

⑤如果步长值为负数，表示逆序获取序列元素。

示例如下：

```
L1 = ['a','b','c','d','e','f','g']
T1 = ('a','b','c','d','e','f','g')
S1 = 'abcdefg'

print(L1[2:])
print(T1[:5])
print(S1[:])
print(L1[4:2])
print(L1[4:2:-1])
print(L1[2:4:-1])
```

程序运行结果如下：

```
['c', 'd', 'e', 'f', 'g']
('a', 'b', 'c', 'd', 'e')
abcdefg
[]
['e', 'd']
[]
```

以上程序中，在第一个 print 方法中获取了列表 L1 中从索引为 2 开始的所有元素；第二个 print 方法中获取了元组 T1 中索引为 5 的元素之前的所有元素，不包含索引为 5 的元素；第三个 print 方法中获取了字符串 S1 中的所有元素；第四个 print 方法中，由于是从前往后读取，索引 4 位于索引 2 之后，所以返回了空列表；第五个 print 方法中，步长为 –1，表示从后往前读取，于是先读取了索引 4 的元素，后读取了索引 2 的元素，因此，可以说索引 4 位于索引 2 之前，返回了一个有元素的列表。第六个 print 方法中，步长为 –1，表示从后往前读取，此时的索引 2 位于索引 4 之后，所以返回了空列表。

4.3.2　连接和复制

1. 连接

在 Python 中，可以使用连接操作符"+"把多个相同的序列合并在一起，并返回一个新的序列。新序列中元素的顺序是，把连接操作符"+"后面的序列元素添加到前面序列的末尾。

示例如下：

```
L1 = ['Adam', 'Lisa', 'Bart']
L2 = [1, 2, 3, 4, 5]
L3 = L1 + L2
print(L3)


S1 = 'abcdefg'
S2 = "张三"
S3 = S1 + S2
print(S3)


T1 = ('李四', '王五')
T2 = ('Adam', 'Lisa')
T3 = T1+T2
print(T3)
```

程序运行结果如下：

```
['Adam', 'Lisa', 'Bart', 1, 2, 3, 4, 5]
abcdefg 张三
('李四', '王五', 'Adam', 'Lisa')
```

上述程序中有三段代码，分别用连接操作符"+"连接了列表、元组和字符串。

需要注意的是，连接操作符只能连接同一类型的序列，如果连接不同类型的序列会报错，示例如下：

```
L1 = ['Adam', 'Lisa', 'Bart']
S1 = 'abcdefg'
L3 = L1 + S1
print(L3)
```

程序运行结果如下：

```
Traceback (most recent call last):
  File "F:/pythontest/tuple-chuangjian.py", line 93, in <module>
    L3 = L1 + S1
TypeError: can only concatenate list (not "str") to list
```

以上程序中，试图连接列表 L1 和字符串 S1，结果会报出不能连接列表和字符串的错误。

2. 复制

在 Python 中，使用操作符 "*" 可以把一个序列复制若干次形成新的序列。

示例如下：

```
L1 = ['Adam', 'Lisa']
L2 = L1*2
print(L2)

S1 = '张三'
S2 = S1*2
print(S2)
```

程序运行结果如下：

```
['Adam', 'Lisa', 'Adam', 'Lisa']
张三张三
```

以上代码中，语句 "L2 = L1*2" 就是把 L1 的元素复制 2 次作为新列表 L2 的元素。

4.3.3 成员检查

Python 提供了两个成员运算符 in 和 not in，用来判断一个元素是否在序列中。

如果用 in 运算符，存在则返回 True，否则为 False。

如果用 not in 运算符，不存在则返回 True, 存在则返回 False。

示例如下：

```
T1 = ('张三','李四','王五')
L1 = ['Adam', 'Lisa','Bart']
S1 = 'abcdefg'

print('张三' in T1)          # 第一个输出语句
print('张三' not in L1)      # 第二个输出语句
print('Adam' in T1)          # 第三个输出语句
print('Adam' not in L1)    # 第四个输出语句
print('a' in S1)             # 第五个输出语句
print('a' not in S1)         # 第六个输出语句
```

程序运行结果如下：

```
True
True
False
False
True
False
```

以上程序中，"张三" 在元组 T1 中，但是不在列表 L1 中，所以第一和二个输出语句为 True；"adam" 不在元组 T1 中，但是在列表 L1 中，所以第三和四个输出语句为 False；字符

"a" 在字符串 S1 中，所以第五个输出语句为 True，第六个输出语句为 False。

4.3.4　内置函数

Python 提供了一些支持序列的内置函数。比如 len()、max() 和 min() 等。

len() 函数用于计算序列的长度，返回一个整数值。

max() 函数用来寻找序列中的最大值。

min() 函数用来寻找序列中的最小值。

示例如下：

```
L1 = ['Adam', 'Lisa','Bart']
T1 = (22, 45, 12, 23, 60)
S1 = 'abcdefg'

print(len(L1))      # 第一个输出语句
print(len(S1))      # 第二个输出语句
print(max(T1))      # 第三个输出语句
print(min(L1))      # 第四个输出语句
print(max(S1))      # 第五个输出语句
```

程序运行结果如下：

```
3
7
60
Adam
g
```

以上程序中，第一个输出语句中计算了列表 L1 的长度为 3；第二个输出语句中计算了字符串 S1 的长度为 7；第三个输出语句中找到了元组 T1 的最大值为 60；第四个输出语句中找到了列表 L1 的最小值是 "Adam"；第五个输出语句中找到了字符串 S1 的最大值是 "g"。

4.3.5　元组、列表和字符串的相互转换

在 Python 中，字符串也是一种序列类型，它与元组、列表三者之间是可以相互转换的。

1. 字符串转换为列表和元组

示例如下：

```
strings ="hello world!"
print(list(strings))
print(tuple(strings))
```

程序运行结果如下：

```
['h', 'e', 'l', 'l', 'o', ' ', 'w', 'o', 'r', 'l', 'd', '!']
('h', 'e', 'l', 'l', 'o', ' ', 'w', 'o', 'r', 'l', 'd', '!')
```

以上程序中，使用 list() 函数和 tuple() 函数把字符串转换成了列表和元组。

2. 列表与元组相互转换

示例如下：

```
T1 = ('张三','李四','王五')
L1 = ['Adam', 'Lisa','Bart']
print(list(T1))
print(tuple(L1))
```

程序运行结果如下：

```
['张三', '李四', '王五']
('Adam', 'Lisa', 'Bart')
```

以上程序中，使用 list() 函数把元组 T1 转换成了列表；使用 tuple() 函数把列表 L1 转换成了元组。

3. 列表和元组转换为字符串

列表和元组转换成字符串必须使用 join() 函数。示例如下：

```
T1 = ('张三','李四','王五')
L1 = ['Adam', 'Lisa','Bart']
print(''.join(T1))
print(''.join(L1))
```

程序运行结果如下：

```
张三李四王五
AdamLisaBart
```

在以上程序中，''.join(T1) 语句利用空字符串调用 join() 函数的方式把元组 T1 转换成字符串，''.join(L1) 语句把列表 L1 转换成字符串。

4.4 字典

在 Python 中，字典 dict 使用键值对来存储数据。一个字典中无序存储了若干个条目，每个条目都是一个键值对，关键字在字典中是唯一的，每个关键字匹配一个值，可以使用键来获取相关联的值。

字典的创建及
操作

4.4.1 字典的创建与赋值

1. 用花括号创建

Python 中可以使用花括号 {} 来创建字典，其中键和值之间以冒号隔开，一个键值对被称为一个条目，每一个条目直接用逗号隔开。语法格式如下：

```
{key1: value1,key2: value2,… …}
```

其中 key 是关键字，value 是值。如果花括号里面没有键值对，则会创建一个空字典。在空字典中添加条目的语法如下：

```
dict[键]=值
```

示例如下：

```
d1 = {"Adam":85, "Lisa":90,"Bart":75,"Paul":90," Beth":65}
print(d1)

d2 = {}
d2["red"]=" 红色 "
d2["green"]=" 绿色 "
d2["blue"]=" 蓝色 "
print(d2)
```

程序运行结果如下：

```
{'Adam': 85, 'Lisa': 90, 'Bart': 75, 'Paul': 90, ' Beth': 65}
{'red': ' 红色 ', 'green': ' 绿色 ', 'blue': ' 蓝色 '}
```

以上程序中，先用花括号包含键值对的方式直接创建了一个字典 d1；然后创建了一个空的字典 d2，再使用赋值的方式为该字典添加条目。

2. 用函数创建

Python 中的字典可以用函数 dict() 创建对象，其有如下几种情况：

①如果没有参数，创建一个空字典；

②如果参数是可迭代对象（如列表、元组），则可迭代对象必须成对出现，每个元素对中的第一项是键，第二项是值；

③如果提供了关键字参数，则把关键字参数和对应的值添加到字典中。关键字参数的等号左边必须为一个变量，右边必须为一个值，不可为变量。

示例如下：

```
d1 = dict()
print(d1)

L1 = [("Adam",1),("Beth",2),("Lisa",3),("Paul",4)]
d2 = dict(L1)
print(d2)

d3 = dict(red = 1,green =2,blue = 3)
print(d3)
```

程序运行结果如下：

```
{}
{'Adam': 1, 'Beth': 2, 'Lisa': 3, 'Paul': 4}
{'red': 1, 'green': 2, 'blue': 3}
```

以上程序中，先创建了一个空的字典 d1，然后用列表 L1 创建了字典 d2，最后用关键字参数创建了字典 d3。需要注意的是，列表 L1 包含了 4 个元素，每一个元素都是一个元组，而元组中又包含了两个元素，因此是成对的，分别作为键和值。

3. 用推导式创建

可以用字典推导式快速创建一个字典，语法格式如下：

```
{key:value  for  key,value  in 可迭代对象}
```

示例如下：

```
# 推导式一
L1 = [("Adam", 1), ("Beth", 2), ("Lisa", 3), ("Paul", 4)]
d1 = {k: v for k, v in L1}
print(d1)

# 推导式二
L2 = ["张三", "李四", "王五"]
d2 = {k: L2.index(k) for k in L2}
print(d2)

# 推导式三
d3 = {x: x*2 for x in (1, 2, 3, 4, 5)}
print(d3)
```

程序运行结果如下：

```
{'Adam': 1, 'Beth': 2, 'Lisa': 3, 'Paul': 4}
{'张三': 0, '李四': 1, '王五': 2}
{1: 2, 2: 4, 3: 6, 4: 8, 5: 10}
```

在以上程序中有三个推导式，第一个推导式中，for 循环读取列表 L1 中的每一个元素，该元素是一个元组，然后把元组中的两个元素分别赋值给变量 k 和 v，再以这两个变量为键值对创建字典 d1。第二个推导式中，for 循环读取列表 L2 中的元素作为键，以元素的索引位置作为值创建字典 d2。第三个推导式中，for 循环读取元组中的元素作为键，以元素值的 2 倍作为值创建字典 d3。

需要注意的是，字典中的键是唯一的，并且是不可变的，因此列表不能作为字典的键，而元组可以作为字典的键。示例如下：

```
d1 = {[1, 2]: "a", [3, 4]: "b"}
print(d1)
```

程序运行结果如下：

```
Traceback (most recent call last):
  File "F:/pythontest/zidian/dict-test.py", line 34, in <module>
    d1 = {[1, 2]: "a", [3, 4]: "b"}
TypeError: unhashable type: 'list'
```

以上程序中，试图以列表作为字典的键，运行结果报出不能使用列表类型的错误。

对以上程序进行修改如下：

```
d2 = {(1, 2): "a", (3, 4): "b"}
print(d2)
```

程序运行结果如下：

```
{(1, 2): 'a', (3, 4): 'b'}
```

以上程序中，以元组作为字典的键，能够正确地创建字典 d2。

4.4.2　字典的基本操作

字典的基本操作有访问字典元素和遍历字典、更新字典、删除字典元素等操作，下面对这些操作进行详细介绍。

1. 访问和更新字典元素

在字典中可以使用 d[key] 的形式来查找 key 对应的 value，因此，可以用该形式来访问和更新字典元素值。示例如下：

```
d1 = {"Adam":85, "Lisa":90,"Bart":75,"Paul":90}
print(d1['Lisa'])

d1['Lisa'] = 95
print(d1)

d1['Joan'] = 60
print(d1)
```

程序运行结果如下：

```
90
{'Adam': 85, 'Lisa': 95, 'Bart': 75, 'Paul': 90}
{'Adam': 85, 'Lisa': 95, 'Bart': 75, 'Paul': 90, 'Joan': 60}
```

从以上程序可以看出，更新元素时，如果要添加的键已经存在，则该键对应的值会被新值替代，比如键 'Lisa' 已经存在，更新它的值为 95；如果添加的键不存在，则会添加新的键值对，比如键 'Joan' 不存在，则添加了新的键值对 'Joan'：60。

2. 遍历字典

通过 for 循环可以遍历字典中的键，示例如下：

```
d1 = {"Adam":85, "Lisa":90,"Bart":75,"Paul":90}
for k in d1:
    print(k, d1[k])
```

程序运行结果如下：

```
Adam 85
Lisa 90
```

```
Bart 75
Paul 90
```

以上程序中，for 循环取出字典 d1 中的键，赋值给变量 k，然后通过键来访问其对应的值，即通过语句 d1[k] 获取值。

3. 删除字典元素

删除字典元素可以用 del() 命令，该命令还可以删除整个字典。示例如下：

```
d1 = {"Adam":85, "Lisa":90,"Bart":75,"Paul":90}
del d1['Bart']
print(d1)
```

程序运行结果如下：

```
{'Adam': 85, 'Lisa': 90, 'Paul': 90}
```

以上程序中，用 del() 命令删除了指定的元素'Bart'。

删除整个字典的示例如下：

```
d2 = {'张三':75,'李四':85}
del d2
print(d2)
```

程序运行结果如下：

```
Traceback (most recent call last):
  File "F:/pythontest/zidian/dict-test.py", line 52, in <module>
    print(d2)
NameError: name 'd2' is not defined
```

以上程序中，先创建了一个字典 d2，然后执行删除命令 del()，则删除了整个字典，所以打印输出时会报错，找不到字典。

4.4.3　字典的相关方法

1. keys() 方法

在 Python 中，该方法以列表形式返回字典的所有键，语法格式如下：

```
字典名.keys()
```

字典方法

示例如下：

```
d1 = {"Adam":85, "Lisa":90,"Bart":75,"Paul":90}
print(d1.keys())
print(list(d1.keys()))
```

程序运行结果如下：

```
dict_keys(['Adam', 'Lisa', 'Bart', 'Paul'])
['Adam', 'Lisa', 'Bart', 'Paul']
```

从程序中可以看出，keys() 方法返回的并非直接的列表，如果返回列表值还需要调用 list() 函数。

2. values() 方法

该方法以列表形式返回字典的所有值，语法格式如下：

```
字典名.values()
```

示例如下：

```
d1 = {"Adam":85, "Lisa":90,"Bart":75,"Paul":90}
print(d1.values())
print(list(d1.values()))
```

程序运行结果如下：

```
dict_values([85, 90, 75, 90])
[85, 90, 75, 90]
```

从程序中可以看出，values() 方法返回的也并非直接的列表，如果返回列表值还需要调用 list() 函数。

3. items() 方法

该方法以列表形式返回字典的（键，值）元组的列表，语法格式如下：

```
字典名.items()
```

程序示例如下：

```
d1 = {"Adam":85, "Lisa":90,"Bart":75,"Paul":90}
print(d1.items())
print(list(d1.items()))
```

程序运行结果如下：

```
dict_items([('Adam', 85), ('Lisa', 90), ('Bart', 75), ('Paul', 90)])
[('Adam', 85), ('Lisa', 90), ('Bart', 75), ('Paul', 90)]
```

从程序中可以看出，items() 方法返回的也并非直接的列表，如果返回列表值还需要调用 list() 函数。

4. get() 方法

该方法返回指定的键对应的值，如果键不存在，返回默认值。语法格式如下：

```
value = get(key[,default])
```

其中，key 是指定的键，default 是键不存在时返回的默认值，如果没有设定默认值，则返回 None。

示例如下：

```
d1 = {"Adam":85, "Lisa":90,"Bart":75,"Paul":90}

# 第一个get方法
score1 = d1.get("Adam")
```

```
print(score1)

# 第二个 get 方法
score2 = d1.get("张三")
print(score2)

# 第三个 get 方法
score3 = d1.get("张三","该学生不存在")
print(score3)
```

程序运行结果如下：

```
85
None
该学生不存在
```

以上程序中调用了三次 get() 方法，在第一个 get() 方法中，指定的参数为"Adam"，该键存在，因此返回了成绩 85。第二个 get() 方法中，指定的参数是"张三"，该键不存在，但是没有定义返回值，因此返回默认值 None。第三个 get() 方法中，指定的参数是"张三"和键不存在时返回值"该学生不存在"，由于"张三"不存在，所以输出结果是"该学生不存在"。

5. copy() 方法

该方法会返回一个新的字典，新字典与原字典有着相同的键值对。语法格式如下：

```
新字典名 = 原字典名.copy()
```

示例如下：

```
d1 = {"red":"红色","green":"绿色","blue":"蓝色"}
print(d1)
d2 = d1.copy()
print(d2)
```

程序运行结果如下：

```
{'red': '红色', 'green': '绿色', 'blue': '蓝色'}
{'red': '红色', 'green': '绿色', 'blue': '蓝色'}
```

以上程序先打印输出了原字典 d1，然后用 copy() 方法复制该字典，并且赋值给字典 d2，因此第二个输出方法打印出了同样的键值对。

6. clear() 方法

该方法删除字典中的所有元素，语法格式如下：

```
字典名.clear()
```

示例如下：

```
d1 = {"red":"红色","green":"绿色","blue":"蓝色"}
print(d1)
```

```
d1.clear()
print(d1)
```

程序运行结果如下：

```
{'red': '红色', 'green': '绿色', 'blue': '蓝色'}
{}
```

以上程序中，先打印输出了原字典 d1 的元素，然后调用 clear 方法删除了字典中的所有元素，所以最后打印输出字典 d1 时为空。

7. pop() 方法

该方法返回指定键所对应的值，并且把这个键值对从字典中移除。如果键不存在，则返回默认值。语法格式如下：

```
字典名 .pop(key[,default])
```

其中，key 是指定的键，default 是键不存在时返回的默认值。如果没有设定默认值，而且键不存在，则程序会报错。

示例如下：

```
d1 = {"red":"红色","green":"绿色","blue":"蓝色"}
print(d1)
x = d1.pop('red')
print(x)
print(d1)
```

程序运行结果如下：

```
{'red': '红色', 'green': '绿色', 'blue': '蓝色'}
红色
{'green': '绿色', 'blue': '蓝色'}
```

以上程序中，指定的键是"red"，该键存在，所以返回了该键的值"红色"，并且删除了键值对。

使用 pop() 方法时，如果键不存在，且没有定义默认值，则程序会报错，示例如下：

```
d2 = {"Adam":85, "Lisa":90,"Bart":75,"Paul":90}
print(d2)
y1 = d2.pop("张三")
print(y1)
```

程序运行结果如下：

```
{'Adam': 85, 'Lisa': 90, 'Bart': 75, 'Paul': 90}
Traceback (most recent call last):
  File "F:/pythontest/zidian/dict-test.py", line 100, in <module>
    y1 = d2.pop("张三")
KeyError: '张三'
```

根据以上程序可知, 使用 pop() 方法时, 要设置键不存在时返回的默认值, 以防程序出错。对以上程序进行修改如下:

```
d2 = {"Adam":85, "Lisa":90,"Bart":75,"Paul":90}
print(d2)
y2 = d2.pop("张三","该学生不存在")
print(y2)
print(d2)
```

程序运行结果如下:

```
{'Adam': 85, 'Lisa': 90, 'Bart': 75, 'Paul': 90}
该学生不存在
{'Adam': 85, 'Lisa': 90, 'Bart': 75, 'Paul': 90}
```

以上程序中, 先打印输出了字典 d2 的元素, 然后调用 pop() 方法删除键为 "张三" 的元素, 并且设置了键不存时的返回值为 "该学生不存在", 由于字典 d2 中没有 "张三", 所以 y2 的值是 "该学生不存在", 并且原字典 d2 的元素不变。

8. popitem() 方法

该方法随机删除字典中的一个键值对, 并返回这个键值对, 一般情况下是删除并返回末尾的键值对。语法格式如下:

```
字典名 .popitem()
```

示例如下:

```
d1 = {"red":"红色","green":"绿色","blue":"蓝色"}
print(d1)
x = d1.popitem()
print(x)
print(d1)
```

程序运行结果如下:

```
{'red': '红色', 'green': '绿色', 'blue': '蓝色'}
('blue', '蓝色')
{'red': '红色', 'green': '绿色'}
```

以上程序中, 先打印输出了原字典 d1; 然后调用了 popitem() 方法删除了字典中的一个键值对, 从运行结果的第二行可以看出, 该方法删除了字典中的最后一个键值对, 并且以元组的形式返回; 最后打印输出了删除以后的字典 d1, 可以看出少了一个键值对。

4.5 集合

集合 (set) 是 Python 中的一种数据结构, 它与列表相似可以用来存储多个数据元素, 不同之处是, 集合由不同的元素组成, 并且元素的存放是无序的。需要注意的是, 集合中的元素不能是列表、集合、字典等可变对象。

4.5.1 集合的创建和赋值

集合的创建及
操作

1. 使用花括号创建

集合的创建方法与字典类似，可以用一对花括号 {} 来创建集合，其中的
元素用逗号隔开。需要注意的是，集合中不允许重复元素的出现，因此使用
集合可以很方便地消除重复元素。示例如下：

```
S1 = {"红色","绿色","蓝色","黑色","红色"}
print(S1)
```

程序运行结果如下：

```
{'红色', '蓝色', '黑色', '绿色'}
```

由于集合是无序的，所以程序的运行结果中元素的位置是随机的，与创建的顺序是无关
的。事实上，集合的每次打印输出结果所呈现的元素顺序都可能不同。

2. 使用 set() 函数创建

Python 中提供了 set () 函数来创建集合，语法格式如下：

```
set([可迭代对象])
```

其语义是：用可迭代对象创建一个新的集合，其中可迭代对象可以是列表，元组等，因此，
使用 set 函数可以将列表、元组、字符串等类型转换成集合。如果没有参数则创建一个空
集合。示例如下：

```
L1 = ['Adam', 'Lisa','Bart']
T2 = ('张三','李四')
S1 = set(L1)
S2 = set(T2)
S3 = set()
print(S1)
print(S2)
print(S3)
print(type(S3))
```

程序运行结果如下：

```
{'Lisa', 'Bart', 'Adam'}
{'张三', '李四'}
set()
<class 'set'>
```

以上程序使用 set() 函数把列表 L1 和集合 T2 转换成集合 S1，然后创建了一个空集合
S3。

3. 使用推导式创建

集合推导式与列表推导式是类似的，唯一的区别在于它使用大括号 {}。语法格式如下：

```
{ 新元素表达式 for 临时变量 in 可迭代对象 if 条件表达式 }
```

示例如下：

```
T1 = (1,1,2,2,3,3,4,4,5)
# 第一个推导式
S1 = {x*2 for x in T1}
print(S1)
# 第二个推导式
S2 = {x for x in T1 if x % 2 != 0}
print(S2)
```

程序运行结果如下：

```
{2, 4, 6, 8, 10}
{1, 3, 5}
```

以上程序中定义了两个推导式，第一个推导式，用 for 循环读取元组 T1 中的元素赋值给变量 x，然后以 x*2 作为集合 S1 的元素；第二个推导式，用 for 循环读取元组 T1 中满足 if 条件的元素，即读取 T1 中所有的奇数元素，作为集合 S2 的元素。从运行结果可以看出在集合创建过程中自动去除了重复元素。

4.5.2 集合的基本操作

1. 访问集合中的元素

由于 set 存储的是无序集合，所以没法通过索引来访问，但是，可以通过 for 循环遍历集合，访问集合中的每一个元素。示例如下：

```
S1 = set(['Adam', 'Lisa', 'Bart'])
print(S1)
for name in S1:
    print(name)
```

程序运行结果如下：

```
{'Bart', 'Adam', 'Lisa'}
Bart
Adam
Lisa
```

以上程序中，先创建了集合 S1 并打印输出，其输出内容是运行结果中的第一行；然后用 for 循环依次读取出集合中的元素。

2. 为集合添加元素

可以用 add() 方法为集合添加元素，示例如下：

```
S1= set(['A', 'B', 'C','D'])
print(S1)
S1.add('a')
print(S1)
```

程序运行结果如下：

```
{'B', 'D', 'C', 'A'}
{'C', 'a', 'D', 'B', 'A'}
```

以上程序中，先创建了集合 S1 并打印输出；然后向集合中添加元素"a"。从运行结果中的第二行可以看出，集合中元素的位置发生了变化。由于集合是无序的，每次运行程序后元素的位置都可能不同，因此添加的元素位置也是随机的。

3. 删除集合中的元素

Python 提供了如下四个方法来删除集合中的元素：

① remove (x) 方法，删除集合中的元素 x，如果元素不存在，则程序报错；

② discard (x) 方法，删除集合中的元素 x，如果元素不存在，程序不做任何操作；

③ pop () 方法，删除集合中的任意一个元素，并且返回该元素的值；

④ clear () 方法，删除集合中的所有元素。

示例如下：

```
S1 = set(['A', 'a', 'B', 'b', 'C', 'D'])
print(S1)

print('调用 remove 方法后：')
S1.remove('a')
print(S1)

print('调用 discard 方法后：')
S1.discard('b')
print(S1)

print('调用 pop 方法后：')
x=S1.pop()
print(x)
print(S1)

print('调用 clear 方法后：')
S1.clear()
print(S1)
```

程序运行结果如下：

```
{'B', 'C', 'A', 'a', 'b', 'D'}
调用 remove 方法后：
{'B', 'C', 'A', 'b', 'D'}
调用 discard 方法后：
{'B', 'C', 'A', 'D'}
调用 pop 方法后：
B
{'C', 'A', 'D'}
```

```
调用 clear 方法后:
set()
```

以上程序中，先创建了集合 S1 并打印输出；然后调用 remove() 方法删除了元素"a"，并且打印输出删除后的集合；接着调用了 discard() 方法删除了元素"b"，并且打印输出删除后的集合；接下来调用 pop() 方法删除元素"B"，并且打印输出了该方法的返回值，以及删除后的集合；最后调用 clear() 方法删除了集合中的所有元素，所以打印输出了空集合。

remove() 方法和 discard() 方法的区别是：remove() 方法删除的元素如果不存在，则程序报错，而 discard() 方法删除的元素如果不存在，程序不做任何操作。示例如下：

```
S1 = set(['A', 'B', 'C'])
print(S1)


S1.remove("张三")
print(S1)
```

程序运行结果如下：

```
{'B', 'A', 'C'}
Traceback (most recent call last):
  File "F:/pythontest/jihe/set-test.py", line 50, in <module>
    S1.remove("张三")
KeyError: '张三'
```

以上程序中，由于集合 S1 中没有元素"张三"，因此用 remove() 方法删除时程序报错。对程序进行修改，采用 discard() 方法如下：

```
S1 = set(['A', 'B', 'C'])
print(S1)


S1.discard("张三")
print(S1)
```

程序运行结果如下：

```
{'B', 'C', 'A'}
{'B', 'C', 'A'}
```

从以上程序可以看出，用 discard() 方法时，删除的元素如果不存在，程序能够正常运行，并且不做任何操作。

4. 删除集合本身

可以使用 del() 命令删除集合本身，示例如下：

```
S1= set(['Adam', 'Lisa', 'Bart'])
print(S1)
del S1
print(S1)
```

程序运行结果如下：

```
{'Lisa', 'Adam', 'Bart'}
Traceback (most recent call last):
  File "F:/pythontest/jihe/set-test.py", line 49, in <module>
    print(S1)
NameError: name 'S1' is not defined
```

以上程序，先创建并输出集合 S1，然后用 del 命令删除了集合 S1，所以最后再次打印输出集合 S1 时，程序报出集合不存在的错误。

4.5.3　集合的运算

1. 成员操作

与序列类型一样，可以用 in 或者 not in 操作来判断某个元素是不是在集合中，示例如下：

集合的运算

```
S1 = set(['Adam', 'Lisa', 'Bart'])
print(S1)                    # 第一个打印输出
print('Adam' in S1)          # 第二个打印输出
print('Adam' not in S1)      # 第三个打印输出
print(' 张三 ' in S1)         # 第四个打印输出
print(' 张三 ' not in S1)     # 第五个打印输出
```

程序运行结果如下：

```
{'Adam', 'Bart', 'Lisa'}
True
False
False
True
```

以上程序中，先创建了一个集合 S1 并打印输出。因为"Adam"在集合 S1 中，所以第二个打印输出语句为 True，第三个打印输出语句为 False；因为"张三"不在集合 S1 中，所以第四个打印输出语句为 False，第五个打印输出语句为 True。

2. 比较运算

在介绍比较运算之前，我们需要先了解一些关于集合的概念。

对于集合 A 和集合 B，如果集合 A 的元素都是集合 B 的元素，同时，集合 B 的元素也都是集合 A 的元素，则称集合 A 与集合 B 相等。

如果集合 A 的任意一个元素都是集合 B 中的元素，并且允许两个集合相等，则称集合 A 是集合 B 的子集，称集合 B 是集合 A 的超集。

如果集合 A 的任意一个元素都是集合 B 中的元素，并且不允许两个集合相等，则称集合 A 是集合 B 的严格子集，称集合 B 是集合 A 的严格超集。比较运算符如表 4-1 所示。

表 4-1 比较运算符

比较运算符	相 关 描 述
==	比较两个集合是否相等，相等返回 True
！=	比较两个集合是否不相等，不相等返回 True
<	判断一个集合是否是另一个集合的严格子集
<=	判断一个集合是否是另一个集合的子集
>	判断一个集合是否是另一个集合的严格超集
>=	判断一个集合是否是另一个集合的超集

判断是否相等的示例如下：

```
S1 ={'Adam', 'Lisa', 'Bart','张三 '}
S2 ={'张三 ','李四 ','王五 ','Adam'}
print(S1 == S2)
print(S1 != S2)
```

程序运行结果如下：

```
False
True
```

以上程序中，集合 S1 的元素与集合 S2 的元素不同，因此两个集合是不相等的。

判断是否子集的示例如下：

```
S1 ={'Adam', 'Lisa', 'Bart','张三 ','张三 ','李四 ','王五 '}
S2 ={'张三 ','李四 ','王五 '}
S3 ={'张三 ','张三 ','李四 ','王五 '}
print(S1)
print(S2)
print(S3)

print('S1 与 S2 比较：')
print(S2 < S1)
print(S2 <= S1)
print(S1 < S2)

print('S2 与 S3 比较：')
print(S2 < S3)
print(S2 <= S3)
```

程序运行结果如下：

```
{'Lisa', '王五 ', '张三 ', 'Bart', 'Adam', '李四 '}
{'李四 ', '张三 ', '王五 '}
{'李四 ', '张三 ', '王五 '}
S1 与 S2 比较：
True
True
False
S2 与 S3 比较：
```

```
False
True
```

以上程序中，集合 S2 是集合 S1 的严格子集，因此 S2 < S1 的返回值为 True；集合 S2 是 S1 的子集，因此 S2 <= S1 的返回值是 True；集合 S1 不是集合 S2 的子集，因此 S1 < S2 的返回值是 False；集合 S2 不是 S3 的严格子集，因此 S2 < S3 的返回值是 False；因为集合 S2 是 S3 的子集，所以 S2 <= S3 的返回值是 True。

判断是否超集的示例如下：

```
S1 ={'Adam', 'Lisa', 'Bart',' 张三 ',' 张三 ',' 李四 ',' 王五 '}
S2 ={' 张三 ',' 李四 ',' 王五 '}
S3 ={' 张三 ',' 张三 ',' 李四 ',' 王五 '}
print(S1)
print(S2)
print(S3)
print('S1 与 S2 比较: ')
print(S1 > S2)
print(S1 >= S2)
print(S2 > S1)

print('S2 与 S3 比较: ')
print(S2 > S3)
print(S2 >= S3)
```

程序运行结果如下：

```
{' 王五 ', 'Adam', 'Lisa', ' 张三 ', 'Bart', ' 李四 '}
{' 张三 ', ' 王五 ', ' 李四 '}
{' 张三 ', ' 王五 ', ' 李四 '}
S1 与 S2 比较:
True
True
False
S2 与 S3 比较:
False
True
```

以上程序中，集合 S1 是集合 S2 的严格超集，因此 S1 > S2 的返回值为 True；集合 S1 是 S2 的超集，因此 S1 >= S2 的返回值是 True；集合 S2 不是集合 S1 的超集，因此 S2 > S1 的返回值是 False；集合 S2 不是 S3 的严格超集，因此 S2 > S3 的返回值是 False；因为集合 S2 是 S3 的超集，所以 S2 >= S3 的返回值是 True。

3. 交集运算

对于集合 A 和集合 B，交集就是把既属于集合 A 又属于集合 B 的元素组成新的集合，如图 4-1 中，阴影部分所示。在 Python 中，使用符号"&"来计算两个集合的交集。

示例如下：

```
S1 ={'Adam', 'Lisa', 'Bart','张三'}
S2 ={'张三','李四','王五','Adam'}
print(S1 & S2)
```

程序运行结果如下：

```
{'张三', 'Adam'}
```

以上程序中，使用符号"&"来计算集合 S1 和集合 S2 的交集，
也就是既属于集合 S1 又属于集合 S2 的元素。

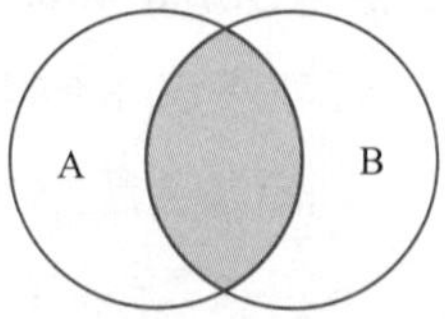

4. 并集运算

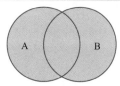

图 4-1　交集

对于集合 A 和集合 B，并集就是把集合 A 中的所有元素和集合 B
中的所有元素共同组成新的集合，如图 4-2 中阴影部分所示。在 Python 中，使用符号"|"
来计算两个集合的并集。示例如下：

```
S1 ={'Adam', 'Lisa', 'Bart','张三'}
S2 ={'张三','李四','王五','Adam'}
print(S1 | S2)
```

程序运行结果如下：

```
{'李四', '张三', 'Bart', 'Adam', '王五', 'Lisa'}
```

以上程序中，用符号"|"来计算集合 S1 和集合 S2 的并集，也
就是取出集合 S1 和集合 S2 的所有元素，并且去除重复元素组成了新
的集合。

5. 差集运算

图 4-2　并集

集合 A 针对集合 B 的差集，就是所有属于集合 A 但是不属于集合 B 的元素组成的新集
合，如图 4-3 中阴影部分所示。在 Python 中，使用"A-B"来计算集合 A 对于集合 B 的差集。
示例如下：

```
S1 ={'Adam', 'Lisa', 'Bart','张三'}
S2 ={'张三','李四','王五','Adam'}
print(S1 - S2)
print(S2 - S1)
```

程序运行结果如下：

```
{'Lisa', 'Bart'}
{'李四', '王五'}
```

从以上程序可以看出，S1-S2 的差集是从集合 S1 中删除属于 S2
的元素"张三"和"Adam"，然后把 S1 中剩余的元素组成新的集；
S2-S1 的差集是从集合 S2 中删除属于 S1 的元素"张三"和"Adam"，
然后把 S2 剩余的元素组成新的集合。从该例子可以看出 A-B 和 B-A
计算出的差集是不同的。

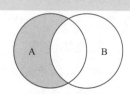

图 4-3　差集

6. 对称差集运算

对于集合 A 和集合 B，对称差集就是所有属于集合 A 或者属于集合 B，但是不属于集合 A 与 B 的交集的元素组成的新集合，如图 4-4 中阴影部分所示。在 Python 中，使用符号 "^" 来计算两个集合的对称差集。示例如下：

```
S1 ={'Adam', 'Lisa', 'Bart','张三 '}
S2 ={' 张三 ',' 李四 ',' 王五 ','Adam'}
print(S1 ^ S2)
```

程序运行结果如下：

```
{' 王五 ', 'Lisa', ' 李四 ', 'Bart'}
```

以上程序中，用符号 "^" 来计算集合 S1 和集合 S2 的对称差集，也就是删除集合 S1 和集合 S2 的相同元素，然后把所有的剩余元素组成新的集合。

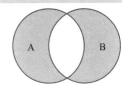

图 4-4　对称差集

4.6 综合案例

统计如下一段文章中每一个单词出现的次数。

At half past eight, Mr. Dursley picked up his briefcase, pecked Mrs. Dursley on the cheek, and tried to kiss Dudley good-bye but missed, because Dudley was now having a tantrum and throwing his cereal at the walls. "Little tyke", chortled Mr. Dursley as he left the house.

分析：

①把以上的一段文章存为一个字符串；

②对字符串进行处理，比如都转换成小写，去掉标点符号等；

③把字符串分割为一个个单词，存储到列表中；

④利用集合去除重复的单词得到一个单词集合；

⑤通过循环遍历统计每个单词出现的次数。

实现代码如下：

```
import re

strings = '''At half past eight, Mr. Dursley picked up his briefcase,
pecked Mrs. Dursley on the cheek, and tried to kiss Dudley good-bye but
missed, because Dudley was now having a tantrum and throwing his cereal
at the walls. "Little tyke" , chortled Mr. Dursley as he left the house. '''

strings = strings.lower() # 都转换成小写
```

```
strings = re.sub('[,.\'"-]',"",strings) #去除标点符号（正则表达式法）

words_list = strings.split() #文章中所有单词的列表
print("文章中单词总数：",len(words_list))
print(words_list)

words_set = set(words_list) #利用集合去除重复的单词
print("去除重复后单词个数：",len(words_set))
print(words_set)

#利用字典存储每个单词出现的次数，比如{'now':2,'a':10,.....}
dic = dict()
for i in words_set:
    dic[i] =words_list.count(i)

print("词频统计结果如下：")
print(dic)
```

程序运行结果如下：

```
文章中单词总数： 48
['at', 'half', 'past', 'eight', 'mr', 'dursley', 'picked', 'up', 'his',
'briefcase', 'pecked', 'mrs', 'dursley', 'on', 'the', 'cheek', 'and',
'tried', 'to', 'kiss', 'dudley', 'goodbye', 'but', 'missed', 'because',
'dudley', 'was', 'now', 'having', 'a', 'tantrum', 'and', 'throwing',
'his', 'cereal', 'at', 'the', 'walls', ' "little', 'tyke" ', 'chortled',
'mr', 'dursley', 'as', 'he', 'left', 'the', 'house']
去除重复后单词个数： 39
{'throwing', 'pecked', 'cereal', 'to', 'tyke" ', 'he', 'goodbye',
'dursley', 'tried', 'eight', 'as', 'having', 'mrs', 'up', 'missed', 'half',
'walls', 'because', 'on', 'cheek', 'a', 'was', 'house', 'picked', 'his',
'briefcase', 'left', 'mr', 'tantrum', 'but', 'kiss', 'at', 'the', 'dudley',
'and', ' "little', 'chortled', 'past', 'now'}
词频统计结果如下：
{'throwing': 1, 'pecked': 1, 'cereal': 1, 'to': 1, 'tyke" ': 1, 'he': 1, 'goodbye':
1, 'dursley': 3, 'tried': 1, 'eight': 1, 'as': 1, 'having': 1, 'mrs': 1,
'up': 1, 'missed': 1, 'half': 1, 'walls': 1, 'because': 1, 'on': 1, 'cheek':
1, 'a': 1, 'was': 1, 'house': 1, 'picked': 1, 'his': 2, 'briefcase': 1,
'left': 1, 'mr': 2, 'tantrum': 1, 'but': 1, 'kiss': 1, 'at': 2, 'the': 3,
'dudley': 2, 'and': 2, ' "little': 1, 'chortled': 1, 'past': 1, 'now': 1}
```

在以上程序中，主要按照如下步骤进行处理：

①把文章存储到字符串 strings 中；

②调用 lower() 函数转换成小写；

③用正则表达式的 sub 方法去除符号，正则表达式在 re 模块中，因此在程序第一行要导入 re 模块。正则表达式是一个特殊的字符序列，它能够方便地检查一个字符串是否与某种

模式匹配，关于正则表达式的详细使用请参考相关资料。

④利用 split 方法把字符串 strings 分割为一个个的单词，存储到列表 words_list 中；

⑤利用集合 set 去除列表中的重复单词，得到一个单词的集合 words_set；

⑥利用 for 循环遍历单词集合 words_set，利用文章单词列表 words_list 的 count 方法进行次数统计，并把结果存入字典 dic 中，其中键是集合 words_set 中的单词，值是单词出现的次数，最后打印输出。

小　　结

本章主要讲了 Python 的高级数据类型主要包括序列（列表 list 和元组 tuple）、字典（dict）、集合（set）。介绍了列表的添加、删除以及遍历等基本操作；元组（元组是不可变的）中元素的访问以及遍历等操作；序列（列表和元组都是序列）的切片等操作；字典（字典的元素是键值对，并且键是唯一的，不可变的）的创建、元素的访问等方法；集合（集合中的元素是没有重复值的）的添加等基本操作以及交集运算等集合运算方法。高级数据类型是 Python 程序设计中最重要的知识点之一。希望通过本章的学习，大家能够熟练掌握这些高级数据类型的应用。

习　　题

1. Python 中列表与元组有什么区别？

2. 有列表 L1=[' 北京 ', ' 上海 ', ' 天津 ', ' 济南 ', ' 郑州 ', ' 合肥 ', ' 南京 ', ' 杭州 ']，写代码实现下面的功能：

（1）计算列表的长度；

（2）向列表追加元素 ' 福州 '，并输出添加后的列表；

（3）在列表的第 3 个位置插入元素 ' 太原 '，并输出添加后的列表；

（4）修改列表第 2 个位置的元素为 ' 石家庄 '，并输出修改后的列表；

（5）删除列表中的元素 ' 上海 '，并输出修改后的列表；

（6）删除列表中的第 1 个元素，并输出删除元素的值以及删除后的列表；

（7）查询并输出元素 ' 郑州 ' 的索引位置；

（8）使用切片操作，输出列表第 1 到第 5 个元素的值；

（9）使用切片操作，输出列表从开始到第 6 个元素的值；

（10）使用切片操作，输出列表从第 6 个元素到最后的所有元素值；

（11）使用切片操作，逆序输出列表第 4 个元素到最后一个元素的值；

（12）分别使用 for 循环和 while 循环输出列表的值；

（13）基于列表 L1，利用列表推导式创建新的列表 L2，L2 中的元素是由 L1 中的元素加上编号组成，如'1 北京'，'2 石家庄'等；

（14）把列表 L1 转换成元组 T。

3. 有元组 T1=（'河北'，'河南'，'山东'，'安徽'，'江苏'，'浙江'，'河南'，'福建'），写代码实现下面的功能：

（1）试向 T1 添加元素'江西'，是否能添加成功？

（2）分别用 for 循环和 while 循环，遍历输出元组的元素；

（3）统计元素'河南'在元组中出现的次数；

（4）查找元素'山东'在元组中的位置；

（5）把元组 T1 转换成列表 L1；

（6）把元组转换成字符串 S；

（7）有元组 T2=（'北京'，'天津'，'上海'），连接元组 T1 和 T2，生成新的元组 T3。

4. 有字典 D1={'郑州'：'河南'，'济南'：'山东'，'合肥'：'安徽'，'南京'：'江苏'，'杭州'：'浙江'}，写代码实现下面的功能：

（1）为字典添加键值对'石家庄'：'河北'；

（2）用 for 循环遍历输出字典中的元素；

（3）删除字典中的键值对'济南'：'山东'

（4）返回键'合肥'对应的值，并删除该键值对；

（5）获取字典中的所有键，并转换成元组 T；

（6）获取字典中的所有值，并转换成列表 L；

（7）把 T 和 L 合并成字典，以 T 中的元素为键，以 L 中的元素为对应的值。

5. 有集合 S1={'a', 'b', 'c', '1', '2', '3'}，集合 S2={'c', 'd', 'e', 'f', '3', '4', '5', '6'}，写代码求集合 S1 和 S2 的交集、并集、差集和对称差集。

第 5 章

Python 函数

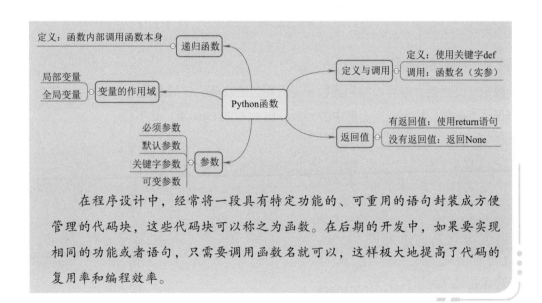

在程序设计中，经常将一段具有特定功能的、可重用的语句封装成方便管理的代码块，这些代码块可以称之为函数。在后期的开发中，如果要实现相同的功能或者语句，只需要调用函数名就可以，这样极大地提高了代码的复用率和编程效率。

5.1 函数的定义与调用

在 Python 中有许多内置的函数，在前面的章节中已经用到过，比如 len() 函数可以获得列表长度。下面将介绍如何定义自己的函数，实现想要的功能。

5.1.1 函数的定义

定义一个函数的语法格式如下：

```
def 函数名 ([ 参数 ]):
    函数体
    return [ 表达式 ]
```

以上语法的含义是：

①定义函数的关键字是 def，后面是函数名和参数。

②参数必须放在小括号 () 中间，可以没有参数，但是括号必须保留。

③括号后面的冒号是必需的，标志函数内容的开始。

④以缩进表示函数体的范围。

⑤ return [表达式] 语句表示函数结束，并且返回表达式的值。

自定义一个函数，比较两个数的大小，返回较小的数，示例如下：

```
def comp (a,b):
    if a > b:
        r = b
    else:
        r = a
    return r
```

5.1.2　函数的调用

函数定义好之后，就可以使用函数来完成相应的功能。一般是通过"函数名 (实参)"的形式调用一个函数。比如，对上例中的 comp (a,b) 函数的调用，如下所示：

```
def comp (a,b):
    if a > b:
        r = b
    else:
        r = a
    return r
S = comp (10,20)
print(S)
```

程序运行结果如下：

```
10
```

以上程序中，先定义了一个比较函数 comp(a,b) 返回较小的值，然后调用该函数把返回值赋值给 s，最后打印输出。

5.2　函数返回值

在前面的函数定义中，return [表达式] 语句用来返回函数值，如果没有定义返回值表达式，则返回值是 None。示例如下：

```
def func1(a,b):
    sum = a+b
    return sum

def func2(a,b):
    sum = a+b
```

函数返回值

```
    return

S1=func1(10,20)
print(S1)
S2=func2(10,20)
print(S2)
```

程序运行结果如下：

```
30
None
```

在以上程序中，定义了两个求和函数，其中 func1 有返回值，func2 中 return 语句没有返回值，则返回结果是 None。

Python 中的函数允许没有返回值，也就是没有 return 语句。示例如下：

```
def func1(a, b):
    print(a+b)

s1 = func1(10,20)
print(s1)
```

程序运行结果如下：

```
30
None
```

在以上程序中，先定义了一个函数 func1 功能是计算两个数的和并打印输出，然后调用该函数时在函数体内打印输出了计算结果 30，最后由于函数没有返回值，所以 print(s1) 语句的执行结果是 None。

Python 中的函数也允许有多个返回值，每个返回值之间以逗号间隔，以元组的形式返回。示例如下：

```
def func3(a,b):
    s1 = a+b
    s2 = a-b
    s3 = a*b
    s4 = a/b
    return s1,s2,s3,s4

y = func3(10,20)
print(y)
```

程序运行结果如下：

```
(30, -10, 200, 0.5)
```

以上程序中，函数 func3 的功能是计算两个数的和，差，积以及商，并且返回计算结果。从运行结果看，该函数以元组的形式返回了 4 个值。

5.3 函数参数

5.3.1 必须参数

必须参数是指调用函数时传入的参数必须和函数定义时的参数一一对应。如果缺少参数程序会报错。

示例如下：

```
def func2(a,b):
    print(a+b)

func2(10)
```

程序运行结果如下：

```
Traceback (most recent call last):
  File "F:/pythontest/hanshu/func-test.py", line 44, in <module>
func2(10)
TypeError: func2() missing 1 required positional argument: 'b' .
```

在以上程序中，函数 func2(a,b) 中的两个参数 a 和 b 都是必须参数，因此在调用函数时必须传入两个参数，但是示例中只传入了一个参数 10，所以程序报出了缺少参数 b 的错误。

修改程序如下：

```
def func2(a,b):
    print(a+b)
func2(10,20)
```

程序运行结果如下：

```
30
```

修改以后的程序中给函数传递了两个参数值，因此能够正常运行。

5.3.2 默认参数

默认参数是指可以使用形如 function（x=10）的方式给参数设置默认值，如果调用函数时没有传入该参数的值，则使用默认值。需要注意的是，设置参数时，必须参数在前，默认参数在后，否则 Python 的解释器会报错。

示例如下：

```
def func2(a,b=20):
    print(a+b)

func2(10)
```

程序运行结果如下：

```
30
```

在以上程序中，定义函数 func2 时设置参数 b 的默认值是 20。在调用函数 func2 时，虽然只传入了一个参数 10，但是程序会把 10 赋值给必须参数 a，参数 b 赋值为默认值 20，所以最终运行结果是 30。

5.3.3 关键字参数

关键字参数是指函数调用时把参数的名字和值绑定在一起传入，这些参数在函数内部自动组装成一个字典 dict。使用关键字参数允许函数调用时的参数顺序与定义时不一致，因为 Python 能够根据参数名自动匹配参数值。需要注意的是，关键字参数要位于必须参数之后。

示例如下：

```
def func3(name, num):
    print('姓名: %s' % name)
    print('学号: %s' % num)

func3(num='201902',name='张三')
```

程序运行结果如下：

```
姓名: 张三
学号: 201902
```

在以上程序中，定义函数时的参数顺序是先 name 后 num，调用函数时，传递的是关键字参数，因此尽管参数顺序不一致，程序仍然能够根据关键字匹配到正确的值。

5.3.4 可变参数

可变参数是指函数能够接受任意多个参数。可变参数有两种形式，一种是参数的名字前面有一个 * 号，比如 *args；另一种是参数的名字前面有两个 * 号，比如 **kwargs。需要注意的是，同时使用 *args 和 **kwargs 时，必须把 *args 参数列在 **kwargs 前面。

以 * 开头的可变参数 *args 在函数调用时会把传入的参数组成一个元组，因此，在函数体内，可以把变量 args 作为一个元组处理。

示例如下：

```
def sum(*args):
    s= 0
    for x in args:
        s= s + x
    return s

result =sum(1,2,3,4)
print(result)
```

程序运行结果如下：

```
10
```

以上程序中，定义了函数 sum，其目的是求任意多个数的和。函数的参数是可变参数，传入的参数组成元组 args，因此可以用 for 循环遍历该元组，计算所有元素的和。在函数调用时，可以根据需要传入任意多个实际参数，在本例中传入了 4 个实际参数（1，2，3，4）组成了元组，因此最终运行结果是 10。

以 ** 开头的可变参数 **kwargs 在函数调用时接收的是关键字参数，也就是形如 x=10 的实际参数，Python 解释器会把传入的参数组成一个字典，因此，在函数体内，可以把变量 kwargs 作为一个字典处理。

示例如下：

```python
def score(**kwargs):
    print(kwargs)
    for key in kwargs:
        print('%s 的成绩是:%d' %(key,kwargs[key]))

score(张三 = 70, 李四 = 80, 王五 = 90)
```

程序运行结果如下：

```
{'张三': 70, '李四': 80, '王五': 90}
张三的成绩是:70
李四的成绩是:80
王五的成绩是:90
```

在以上程序中，定义函数 score，它的参数是任意多个关键字参数。从运行结果可以看出，传入的参数组成了一个字典，因此可以用字典遍历的方式访问传入的参数。

5.4　变量作用域

Python 变量的作用域是由变量被定义的位置决定的。

5.4.1　局部变量

定义在语句块作用域中的变量是局部变量，它只能在语句块的作用域范围内访问。

示例如下：

```python
def func1(a,b):
    sum = a+b
    return sum

func1(10,20)
print(sum)
```

程序运行结果如下：

```
<built-in function sum>
```

在以上程序中，变量 sum 是定义在 func1 函数中的局部变量，因此在函数体外无法访问 sum 变量。

需要注意的是，在 Python 中并不是所有的语句块都会产生作用域，只有在函数（def），类（class）中定义的语句块，才会产生作用域，也就是在这些语句块中定义的变量是局部变量。在 if-elif-else、for、while 等关键字定义的语句块中并不会产生作用域，也就是说这些语句块中定义的变量仍然是全局变量。

5.4.2　全局变量

在函数外定义的变量是全局变量。全局变量可以被所有函数访问，可以在程序的任意位置访问。

示例如下：

```
x=10
def sum(b):
    a = x+b
    print(a)

sum(20)
print(x)
```

程序运行结果如下：

```
30
10
```

在以上程序中，定义了一个全局变量 x，并且赋值为 10，在函数内部仍然能够访问到该变量，因此函数中的计算语句 a=x+b=10+20=30。

如果需要在函数内部定义全局变量，可以使用 global 关键字。

示例如下：

```
deffunc(b):
    global result
    result= b*2

func(10)
print(result)
```

程序运行结果如下：

```
20
```

以上程序中，在函数 func 内部定义了一个全局变量 result，因此调用函数 func（10）进行计算之后，在函数体外部能够打印输出 result 为 20。

5.5 递归函数

在函数的内部可以调用其他的函数。如果在一个函数内部调用函数本身，则这个函数称为递归函数。下面以计算阶乘 n! 为例，来介绍递归的用法。

示例如下：

```
def func(n):
    if n==0:
        return 1
    else:
        return n*func(n-1)

print(func(5))
```

程序运行结果如下：

```
120
```

在以上程序中，函数 func(n) 是一个递归函数。可以看出，当 n 为 0 时，返回 1，这是递归的边界条件，表示递归结束，每一个递归函数都必须有一个结束条件。当参数大于 0 时，把问题转换成 n-1 阶乘的子问题，调用 func(n-1) 求解，也就是调用了函数本身，但是参数有所减少，按照这种方式一直递归到参数为 0 结束。

5.6 综合案例

给定多边形的每个点的坐标 p(x,y)，求多边形的面积。比如，求由四个点（3，4），（9，5），（12，8）和（5，11）组成的多边形的面积，图形如图 5-1 所示。

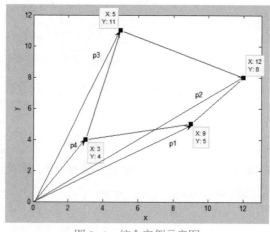

图 5-1　综合案例示意图

分析：采用向量叉乘计算多边形面积。从图 5-1 可以看出，坐标原点与多边形任意相邻的两个顶点构成一个三角形，则多边形的面积等于每个三角形的符号面积（面积有正负之分）之和，而三角形的面积可由三个顶点构成的两个平面向量的外积求得（逆时针为正，顺时针为负）。如果把所有的顶点按照逆时针顺序排列为 p_1, p_2, p_3, $\cdots p_{n-1}$, p_n，其中 $p_k=(x_k, y_k)$ 并且 $p_n = p_1$，则任意多边形的面积公式为：$S = \dfrac{1}{2}\sum_{k=1}^{n}(x_k y_{k+1} - x_{k+1} y_k)$。

根据以上算法，计算图 5-1 所示多边形的面积，实现代码如下：

```python
# 定义了一个点类，包含两个属性：x 坐标值和 y 坐标值
class Point():
    def __init__(self,x,y):
    self.x = x
    self.y = y


# 利用向量叉乘计算多边形面积
def GetArea(points):
    # 定义计算多边形面积函数，参数是顶点列表
    area = 0
    for i in range(0,len(points)-1):
        p1 = points[i]
        p2 = points[i + 1]
        trArea = (p1.x*p2.y - p2.x*p1.y)/2 # 计算三角形的面积
        area += trArea    # 计算多边形面积
    return abs(area)

def SetPoints(x,y):
    # 定义函数设置顶点列表，参数是 x 坐标列表，和 y 坐标列表
    points = [] # 定义了一个元组存放顶点对象
    for index in range(len(x)):
        # 根据传入的坐标参数构造顶点对象并存入元组
        points.append(Point(x[index],y[index]))
    return points

def main():
    # 用列表给出 x 坐标和 y 坐标
    # 注意要是逆时针排列，并且最后一个元素与第一个元素相同，这样才能构成闭环
    x=[3,9,12,5,3]
    y=[4,5,8,11,4]

    points = SetPoints(x,y) # 调用函数设置顶点列表
    area = GetArea(points) # 调用函数计算面积
    print('多边形的面积为：')
    print(area) # 打印输出面积

if__name__ == "__main__":
    main()
```

程序运行结果如下：

```
多边形的面积为：
35.0
```

小　　结

本章主要讲了 Python 中的函数。主要介绍了函数的定义方法、返回值以及参数等。函数是 Python 语言的重要组成部分，用来封装一个特定的功能块，或者可以重复使用的语句块。希望通过本章的学习，大家能够熟练掌握函数的定义和使用。

习　　题

1. 编写函数，计算传入的字符串中数字和字母的个数，并将它们的值返回给调用者。

2. 编写函数，检查传入的列表中所有奇数位索引对应的元素，并将其作为新列表返回给调用者。

3. 编写函数，判断用户传入的元组长度是否大于5，如果大于5返回 True，否则返回 False。

4. 编写函数，检查传入字典的每一个 value 的长度，并将其作为元组返回给调用者。

5. 编写函数，函数的参数是形如 *args 的可变长参数，此函数完成的功能是返回给调用者一个字典，此字典的值是参数的值，键是从1开始到参数个数为止的自然编号。

6. 编写函数，函数的参数是形如 **kwargs 的可变长参数，此函数完成的功能是返回给调用者一个列表，此列表的元素是传入的关键字参数对应的值。

7. 编写函数，利用递归获取斐波那契数列中的第 10 个数，并将该值返回给调用者。

第 6 章

Python 模块和包

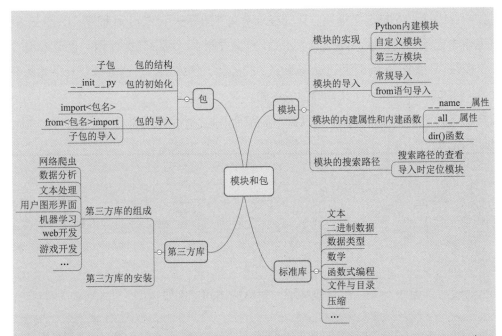

模块和包是 Python 的两种模块化编程的重要实现方式。模块化编程通过把复杂度高的任务分解成独立的、小的、更便于操纵的复杂度低的子任务来进行处理。在大型应用程序中使用模块化编程方式具有许多优点：①功能简化——从聚焦总体到聚焦局部，开发变得简单；②可维护——模块化设计有清晰的逻辑边界，如果模块之间的相互依赖性小，则修改一个模块对整个应用程序影响就很小，便于维护；③可重用——在某个模块中定义的功能很容易被复用。④作用域明确——一个模块通常定义一个单独的命名空间，它能避免程序的不同部分中的标识符冲突。本章所介绍的模块和包是促进代码模块化的重要组成部分。

🎁 6.1 Python 模块

模块

在 Python 里，模块是最高级别的程序组织单元，它将程序代码和数据封装起来以便重用。模块就像是一块积木，是最基本的功能单位。简单点说，每一个 .py 文件就是一个模块。

6.1.1 模块概述

通常来讲，在 Python 中实现一个模块有三种方式：①包含在 Python 解释器里的内建模块。可以简单理解为安装好 Python 环境之后，直接可以使用 import 导入的就是内置模块。例如：itertools；②自定义模块。比如在 .py 文件里写一个 Python 程序；③第三方模块，比如开发者自己编写的模块，提交到 Python 的官方库中，可供下载使用。也可以用 C 语言实现一个模块，然后在运行时通过动态库的方式加载，例如正则表达式模块 re。本章只讨论 Python 程序构成的自定义 .py 文件的模块形式。

首先创建一个 mod.py 模块，它包含一个字符串 s，一个列表 a，一个函数 fun 和一个类 Hoo，如下所示：

```
#mod.py
s="I love python"
a=[1,2,3,4,5,6]
def fun(args):
    print(args)
class Hoo():
    pass
```

那么通过导入模块 mod，就可以实现对对象的访问，例如：

```
>>> import mod  # 导入模块 mod
>>> mod.s
# 输出结果:
'I love python'
>>> mod.a
[1, 2, 3, 4, 5, 6]
>>> mod.fun('hello')
# 输出结果:
hello
>>> mod.Hoo
# 输出结果:
<class 'mod.Hoo'>
```

通过上面的例子，我们发现模块可以通过 import 语句进行导入。那为什么要导入模块呢？这是因为通过模块的导入可以很方便地使用被导入的模块中的功能，实现代码复用，减少开发成本。这里导入的模块可以是以前写过的模块，也可以是 Python 自带的模块（如 Python

标准库），还可以是别人的模块（如第三方库）。这些模块往往已经通过了正确性和各种性能的测试，用起来事半功倍。下面一起来看看模块是怎么导入的。

6.1.2　模块的导入方式

Python 的导入机制非常灵活，主要包括以下几种：

1. 常规导入

使用 import 指定需要导入的模块。例如：

```
>>> import math
>>> math.pi  # 这种方式导入的话，在访问模块里的对象时需要加上模块的名称
```

也可以一次性导入多个模块。例如：

```
>>> import math, sys, time
```

有时候，模块名可能很长，导致后边书写时极不方便。此时，可以在用 import 导入时利用 as 关键字来重命名模块。例如：

```
>>>import math as m
>>>print(m.pi)  # 输出结果为 3.141592653589793
```

说明：将导入的 math 模块重命名为 m，使用时可以用 m 代替 math。模块名虽然可以改，但也不可以肆无忌惮地改，需要注意命名冲突的问题！

2. 使用 from 语句导入

实现导入一个模块或库中的某个部分。比如：

```
>>>from math import pi
>>>print(pi) # 输出结果为 3.141592653589793  # 可以直接访问
```

通过 from 语句导入的 pi 可以在后续的代码中直接使用，而不必加上 math 的前缀。还可以使用 from 方法导入模块的全部内容，就像这样：

```
from math import *
```

这样就可以导入模块里的全部内容。这种方法虽然方便，但是并不推荐，因为这种做法会打乱原本的命名空间。如果在现有的模块中定义了一个与导入模块中名称相同的变量或函数，导入模块中的变量将被覆盖掉。

当然，也可以为导入的对象取别名，例如：

```
>>>from math import tao as t
```

在使用时，直接可以用 t 取代 tao，值得注意的是，在取别名的时候尽量让名称有意义，而且不要和命名空间的其他对象相冲突。

6.1.3　模块的内建属性和内建函数

Python 为模块提供了一些功能性的支持，即内建属性和内建函数，它们在 _ _builtin_ _

模块中定义，而且 __builtin__ 模块不需要手动导入。本节对常用的几个内建属性和内建函数做简单介绍。

1. __name__ 属性

每一个模块都有 __name__ 属性，可以通过模块的全局变量 __name__ 获取模块的名称，例如：

```
>>>import math
>>>print(math.__name__)
# 输出结果:
math
```

说明：name 的左右两边各有两个下画线。用双下画线开头和结尾的变量一般代表 Python 里特殊方法的专用标识。

但是，需要注意的是，如果导入 math 模块后直接打印输出 __name__ 属性，它的结果是不一样的，例如：

```
>>>import math
>>>print(__name__)
# 输出结果:
__main__
```

这是因为 math.__name__ 指的是 math 的 __name__ 属性，而直接输出 __name__ 属性的值是 __main__ 时，表示模块不是被引用，而是自身在运行。这在调试模块时很有用处，举个例子：

```
# mod.py
def show(num):
    print(num + 1)


if __name__ == '__main__':
    show(1)
```

当直接运行 mod.py 时，__name__ 等于 __main__，if 代码段的内容会被执行，结果输出 2，可以很方便地在这里测试模块里的函数。而在别的模块中 import mod 时，mod.py 的 __name__ 是 mod，不是 __main__，if 语句就不会执行。这种小技巧可以测试编写的模块，而不用担心会影响模块的实际调用者。

2. __all__ 属性

Python 模块中的 __all__ 属性，可用于模块导入时的限制，当使用 from <module> import * 导入模块中所有的属性时，若定义了 __all__ 属性，则只有 __all__ 内指定的属性、方法、类会被导入。若没定义，则导入模块内的所有公有属性、方法和类，即不以下画线开头的变量。比如：

```
#mod2.py
import math
```

```
def show(num):
    print(num + 1)
__all__=["show"]   # 排除了 math
```

在 mod3.py 中用 from <module> import * 导入 mod2 模块：

```
#mod3.py
from mod2 import *
show(2)
print(math.pi)
```

输出结果：

```
3
Traceback (most recent call last):
  File "mod3.py", line 4, in <module>
    print(math.pi)
NameError: name 'math' is not defined
```

说明：如果定义了 __all__ 属性，则只有 __all__ 属性中的变量可见，其他的则不可见。如果将模块 mod3.py 中的 __all__=["show"] 这条语句删除，则输出结果为：

```
3
3.141592653589793
```

代码中不提倡用 from <module> import * 的写法，但在 console 调试时常用。如果一个模块 mod 中没有定义 __all__，执行 from mod import * 的时候会将 该模块中非下画线开头的成员都导入当前命名空间中，这样当然就有可能与当前命名空间发生预期以外的命名冲突。如果显式声明了 __all__，import * 就只会导入 __all__ 列出的成员。如果 __all__ 定义有误，列出的成员不存在时，还会明确地抛出异常，而不是简单忽略。

值得注意的是，在包导入的时候也会涉及 __all__，但是与模块并不完全相同。总的来说，区别如下：对于包来说，如果 __all__ 未定义，那么 from< 包名 >import * 不导入任何模块；对于模块来说，如果 __all__ 未定义，那么 from < 模块名 > import * 将导入除了下画线开头以外的所有对象。

3. dir() 函数

通过 dir() 函数可以查看模块中所有的对象和属性，即当前命名空间下的所有的对象。dir() 函数不带参数时，返回当前范围内的变量、方法和定义的类型列表；带参数时，返回参数的属性、方法列表。

```
>>>dir()  # 获得当前模块的属性列表
# 输出结果：
['__builtins__', '__doc__', '__name__', '__package__', 'arr', 'myslice']
>>> dir([ ]) # 查看列表的方法
# 输出结果：
['__add__', '__class__', '__contains__', '__delattr__', '__delitem__',
```

```
'__delslice__', '__doc__', '__eq__', '__format__', '__ge__',
'__getattribute__', '__getitem__', '__getslice__', '__gt__', '__hash__',
'__iadd__', '__imul__', '__init__', '__iter__', '__le__', '__len__', '__lt__',
'__mul__', '__ne__', '__new__', '__reduce__', '__reduce_ex__', '__repr__',
'__reversed__', '__rmul__', '__setattr__', '__setitem__', '__setslice__',
'__sizeof__', '__str__', '__subclasshook__', 'append', 'count', 'extend',
'index', 'insert', 'pop', 'remove', 'reverse', 'sort']
```

6.1.4　模块的搜索路径

模块间相互独立相互引用是任何一种编程语言的基础能力。Python 解释器在执行到 import 语句导入模块时，将在指定的目录列表中搜索指定的目录，这些指定的目录列表包含：

①当前模块所在的目录，如果是解释器交互式运行，则选择当前目录；

②在环境变量 PYTONPATH 中定义的目录列表（比如，环境变量 PATH）；

③ Python 在安装的时候指定的与安装目录有关的目录列表。

模块的搜索路径可以通过一个名为 sys 的模块中的 sys.path 语句获取：

```
>>> import sys
>>> sys.path
# 输出结果：
['',
'C:\\Users\\myComputer\\AppData\\Local\\Programs\\Python\\Python37-32\\Lib\\idlelib',
'C:\\Users\\myComputer\\AppData\\Local\\Programs\\Python\\Python37-32\\Python37.zip',
'C:\\Users\\myComputer\\AppData\\Local\\Programs\\Python\\Python37-32\\DLLs',
'C:\\Users\\myComputer\\AppData\\Local\\Programs\\Python\\Python37-32\\lib',
'C:\\Users\\myComputer\\AppData\\Local\\Programs\\Python\\Python37-32',
'C:\\Users\\myComputer\\AppData\\Roaming\\Python\\Python37\\site-packages',
'C:\\Users\\myComputer\\AppData\\Local\\Programs\\Python\\Python37-32\\lib
\\site-packages']
```

注意：不同的计算机受计算机名称和环境变量的配置不同导致输出的结果可能不同。

因此，如果想让解释器找到你的模块，可以尝试以下任意一种方式：

①将模块放在当前输入模块所在的目录，如果是交互式环境，放在当前目录。

②修改环境变量 PYTHONPATH 使得模块所在的目录包含在 PYTHONPATH 目录列表中，或者将模块放到 PYTHONPATH 定义的目录中。

③将模块放到安装 Python 的相关目录。这取决于操作系统是不是赋予用户对该目录有写权限。

事实上，可以把模块放在任意目录，在运行时修改 sys.path 的值，使它包含模块所在目录。例如：假如 mod.py 在 C:\Users\python 目录下，可以执行以下语句：

```
>>>sys.path.append(r'C:\Users\python)
```

这样再看一下模块的搜索路径：

```
>>> import sys
```

```
>>> sys.path
# 输出结果:
['',
'C:\\Users\\myComputer\\AppData\\Local\\Programs\\Python\\Python37-32\\Lib\\idlelib',
'C:\\Users\\myComputer\\AppData\\Local\\Programs\\Python\\Python37-32\\Python37.zip',
'C:\\Users\\myComputer\\AppData\\Local\\Programs\\Python\\Python37-32\\DLLs',
'C:\\Users\\myComputer\\AppData\\Local\\Programs\\Python\\Python37-32\\lib',
'C:\\Users\\myComputer\\AppData\\Local\\Programs\\Python\\Python37-32',
'C:\\Users\\myComputer\\AppData\\Roaming\\Python\\Python37\\site-packages',
'C:\\Users\\myComputer\\AppData\\Local\\Programs\\Python\\Python37-32\\lib
\\site-packages', 'C:\\Users\\python']
```

可以看到 'C:\\Users\\Python' 被加入到搜索路径中了，这是一个很好用的小技巧，如果发现 import 导入模块时找不到，就可以用这种方法来解决。

6.2　包

包是一种组织管理代码的方式，是将模块包含在一起的一个文件夹。当开发一个包含多个模块的大型应用程序时，如果把模块全部堆在一个目录下，随着模块数量的增长，将很难管理。尤其当模块的名称或者模块中的函数功能相近的时候，使用起来就更容易出问题了。而包通过使用点操作定义了一种分层结构的模块命名空间，有效地避免了命名冲突。

6.2.1　包的结构

包利用了操作系统固有的文件分层体系。图 6-1 展示了两种常见的文件结构层次图，它们都表示 myProject 的文件夹里有 mod1.py 和 mod2.py 两个模块。

图 6-1　文件结构层次图示例

模块 mod1.py 的内容:

```
# myProject.mod1.py
def fun():    # 定义了函数 fun
    print("mod1.fun")
class Fun():  # 定义了类 Fun
    pass
```

模块 mod2.py 的内容:

```
# myProject.mod2.py
```

```
def run():          # 定义了函数 run
    print("mod2.run")
class Run():         # 定义了类 Run
    pass
```

如果目录 myProject 可以被搜索到，那么可以通过点操作符 myProject.mod1 和 myProject.mod2 访问模块 mod1 和 mod2，使用 import 导入模块的方式如下：

```
>>>import myProject.mod1
>>>import myProject.mod2
>>>myProject.mod1.fun() # 访问模块中的对象时需要使用包名.模块名
# 输出结果:
mod1.fun
>>> myProject.mod2.run()
# 输出结果:
mod2.run
```

还可以通过 from 语句导入模块，当然在导入时可以对模块进行重命名，例如：

```
>>>from myProject import mod1
>>>from myProject import mod2 as m   # 导入时对 mod2 进行重命名
>>> mod1.fun()          # 访问模块中对象时，直接使用模块名
# 输出结果:
mod1.fun
>>> m.run()             # 使用名称 m 访问 mod2 模块中的函数
# 输出结果:
mod2.run
```

注意：import 导入的是模块，如果需要导入整个包，用 import <包名> 的方式在语法上是没有问题，但实际上并没有把包里的所有模块都导入进去。这点尤其需要注意，而真正导入整个包则需要其他的方法才可以，具体将在下面的章节展开。

除此之外，Python 包可以以任意深度嵌套子包。在上面的 myProject 包中加入一个子包 Sub_pkg 和两个模块 mod3.py、mod4.py，如图 6-2 所示。

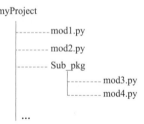

图 6-2　Python 包嵌套结构示例

子包的两个模块的代码如下：

```
# myProject.Sub_pkg.mod3.py
def gun():    # 定义了函数 fun
    print("mod3.gun")
class Gun():   # 定义了类 Fun
    pass


# myProject.Sub_pkg.mod4.py
def qun():     # 定义了函数 run
    print("mod4.qun")
class Qun():    # 定义了函数 Run
    pass
```

6.2.2　包的初始化

包是 Python 用来组织命名空间和类的重要方式，可以看作是包含 Python 模块的文件夹，但只有目录中包含一个 __init__.py 的文件才会被 Python 认作是一个包。__init__.py 文件的主要用途是设置 __all__ 变量以及执行初始化包所需的代码。因此图 6-1 中所示的一个包的完整结构应该如图 6-3 所示。

图 6-3　Python 包的结构示例

可以在 __init__.py 文件中写一些代码，例如：

```
#__init__.py
print("__init__.py in myProject is called")
```

当用 import 导入包时，可以看到：

```
>>>import myProject #输出结果是：__init__.py in myProject is called
```

如果包内嵌套的有子包，应该如何导入子包里的模块呢？其实同理，也需要加入子包的 __init__.py，图 6-3 所示包的完整结构如图 6-4 所示。

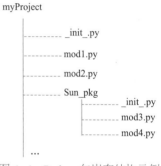

图 6-4　Python 包嵌套结构示例

6.2.3　包的导入

包的导入主要是为了将包中的模块导入，其基本语法与模块的导入基本一致。但是在实际操作时，有一些注意事项，本小节将以图 6-4 中包的层次结构为例，分别介绍访问包中各个模块的方法。

首先，可以通过 dir() 查看命名空间，确定包中模块是否被正确导入了，比如上面提到过，通过 import < 包名 > 的导入方式并不能导入包中的内容。例如：

```
>>> dir()   #输出当前的命名空间里的对象列表
#输出结果为：['__annotations__', '__builtins__', '__doc__', '__loader__',
'__name__', '__package__', '__spec__']
>>> import myProject        #试图导入 myProject 中的对象
>>> dir()
['__annotations__', '__builtins__', '__doc__', '__loader__', '__name__',
'__package__', '__spec__', 'myProject']
>>> myProject.mod1.fun()    #访问模块 mod1.py 中的 fun() 函数会报错
#输出结果：
Traceback (most recent call last):
  File "<pyshell#3>", line 1, in <module>
    myProject.mod1.fun()
AttributeError: module 'myProject' has no attribute 'mod1'
```

在用 import < 包名 > 的方式导入时，命名空间只是多了一个包名的对象，并不能把包内的所有模块导入进来。那么，如何才能导入包中的模块呢？主要有以下三种方法：

①采用 import < 包名 > 导入，并通过修改 __init__.py 导入想导入的内容，例如：

```
#__init__.py
import myProject.mod1, myProject.mod2
import myProject.Sub_pkg.mod3, myProject.Sub_pkg.mod4
```

这样通过在 __init__.py 中增加导入的模块名，就可以用 import myProject 直接导入了

```
>>> import myProject
>>> myProject.mod1.fun()
# 输出结果：
mod1.fun
```

在实际使用时，很少用到直接用包名进行直接导入的方式。实际上通过将模块导入放在初始化文件中，跟在导入时直接写区别并不大，所以这种方式并不推荐。重点推荐以下两种方式。

②用 from< 包名 > import * 的方式全部导入，例如：

```
>>> from myProject import *
>>> dir()
# 输出结果：['__annotations__', '__builtins__', '__doc__', '__loader__',
'__name__', '__package__', '__spec__']
```

你可能期待 myProject 中的所有模块中的所有对象都被导入，但实际上并没有。这是因为 Python 遵循这样的原则：如果 __init__.py 文件中包含一个 __all__ 变量，这个变量是一个包含模块名称的列表，那么出现在这个变量中的模块将被导入，否则如果没有定义 __all__，它一个模块也不导入。

可以这样修改 __init__.py 中的内容：

```
#__init__.py
__all__=['mod1','mod2']
```

此时，再使用 from< 包名 > import * 的方式导入：

```
>>> from myProject import *
>>> dir()
# 输出结果：['__annotations__', '__builtins__', '__doc__', '__loader__',
'__name__', '__package__', '__spec__', 'mod1', 'mod2',]
```

使用 from< 包名 >import * 相比逐个导入模块并没有更明显的优势。事实上，它的主要作用之一是禁止导入所有模块，强制使用者在使用 from< 包名 >import * 的时候明确在包导入时具体导入了哪些模块。

需要再次强调：对于包来说，如果没有定义 __all__，那么 from< 包名 >import * 不会导入任何模块；而对于模块来说，如果没有定义 __all__，那么 from < 模块名 > import * 将导入除了下画线开头以外的所有对象。

③子包的导入方式。子包的导入与之前包的导入方式类似，只是需要用点操作符连接包与子包，例如：

```
>>> import myProject.Sub_pkg.mod3 # 直接导入子包中的模块
>>> myProject.Sub_pkg.mod3.gun()
# 输出结果：mod3.gun
>>> from myProject.Sub_pkg.mod4 import qun # 导入子包中模块的函数
>>> qun()              # 访问时直接访问函数，不用加前缀
# 输出结果：mod4.qun
>>> from myProject.Sub_pkg.mod4 import qun as q # 导入子包中模块的函数并重命名
>>> q()
# 输出结果：mod4.qun
```

另外，子包之间可以相互访问，既能通过绝对路径，也可以通过相对路径导入。我们将包的层次结构再做一下调整，将 mod1 和 mod2 也放在另一个子包之中，调整后的文件结构如图 6-5 所示。

来看一下一个子包中的某个模块如何访问兄弟子包中的对象。例如，可以从 mod3.py 中导入和执行 mod1.py 中的 fun() 函数，这时可以使用绝对路径导入，即包名点操作符的方式：

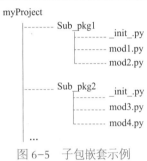

图 6-5 子包嵌套示例

```
# myProject.Sub_pkg2.mod3.py
def gun():
    print("mod2.gun")
class Gun():
    pass
from myProject.Sub_pkg1 import mod1 # 通过包名点操作符的方式导入
mod1.fun()
```

导入 mod3 模块如下：

```
>>> from myProject.Sub_pkg2 import mod3
# 输出结果为：
mod1.fun
```

另外还可以使用相对路径导入："﹒﹒"表示包的上一层：

```
# myProject.Sub_pkg2.mod3.py
def gun():
    print("mod2.gun")
class Gun():
    pass
from .. import Sub_pkg1     # 通过 .. 父包相对导入
from ..Sub_pkg1 import mod1   # 通过 .. 包名相对导入
```

说明：.. 表示父包 myProject，..Sub_pkg1 表示父包 myProject 的子包 Sub_pkg1。

通过以上的讲解，读者应该知道如何导入包和模块了。实际上，Python 之所以受到大家的喜爱，有一个重要的原因就是它有丰富的库可以使用，这些库就是包，它里面包含了各种模块，模块里通过类、方法等实现了各种功能。通过导入和使用库，简单的几行代码就能实现很复杂的功能，比如人脸识别、图像分类、语音识别等。让我们一起来看看都有哪些库吧！

📦 6.3 标准库和第三方库

库这个术语在 Python 里没有一个固定的字面意思。Python 里的"标准库"（standard library）指代与 Python 核心捆绑在一起的精确语法、标记、语义的一系列核心模块的集合。Python 的标准库是用 C 语言写的，用于处理 Python 的核心功能，例如文件的输入 / 输出，以及组成 Python 的标志性功能。

6.3.1 Python 标准库简介

Python 的标准库涵盖了超过 200 个 Python 核心模块。"附加库"（additional libraries）指 Python 通常自带的一些可选组件。Windows 系统的 Python 安装文件会自动安装标准库和一些附加库。对于 Unix 类的操作系统，附加库通常以多个包的集合形式提供。Unix OS 的用户需要使用例如 easyinstall 或者 pip 去安装这些附加库。表 6-1 列出了在文本、二进制数据、数据类型、数学、函数式编程、文件与目录、压缩等领域的 Python 常用的标准库。

表 6-1 Python 标准库简介

领　　域	Python 标准库
文本	string：通用字符串操作 re：正则表达式操作 difflib：差异计算工具 textwrap：文本填充 unicodedata：Unicode 字符数据库 stringprep：互联网字符串准备工具 readline：GNU 按行读取接口 rlcompleter：GNU 按行读取的实现函数
二进制数据	struct：将字节解析为打包的二进制数据 codecs：注册表与基类的编解码器
数据类型	datetime：基于日期与时间工具 calendar：通用月份函数 collections：容器数据类型 collections.abc：容器虚基类 heapq：堆队列算法 bisect：数组二分算法 array：高效数值数组 types：内置类型的动态创建与命名 copy：浅拷贝与深拷贝 pprint：格式化输出 reprlib：交替 repr() 的实现
数学	numbers：数值的虚基类 math：数学函数 cmath：复数的数学函数 decimal：定点数与浮点数计算 fractions：有理数 random：生成伪随机数
函数式编程	itertools：为高效循环生成迭代器 functools：可调用对象上的高阶函数与操作 operator：针对函数的标准操作

领　域	Python 标准库
文件与目录	os.path：通用路径名控制 fileinput：从多输入流中遍历行 stat：解释 stat() 的结果 filecmp：文件与目录的比较函数 tempfile：生成临时文件与目录 glob：Unix 风格路径名格式的扩展 fnmatch：Unix 风格路径名格式的比对 linecache：文本行的随机存储 shutil：高级文件操作 macpath：Mac OS 9 路径控制函数
压缩	zlib：兼容 gzip 的压缩 gzip：对 gzip 文件的支持 bz2：对 bzip2 压缩的支持 lzma：使用 LZMA 算法的压缩 zipfile：操作 ZIP 存档 tarfile：读写 tar 存档文件

当然，这里只是给出了很少的一部分的介绍，有兴趣的读者可以在 https://docs.Python.org 上查阅。熟悉这些库，在写程序的时候熟练地使用这些库函数，可以帮助读者在项目开发中快速、高效地完成任务。当然官方的库还是远远不够的，在 Python 应用的各个领域，都形成了很多比较成熟的库，它们被称为第三方库。

6.3.2　第三方库

Python 的第三方库按领域分类大体上有以下几种：网络爬虫、数据分析、文本处理、数据可视化、用户图形界面、机器学习、Web 开发、游戏开发等。

1. 网络爬虫方向

requests 是用 Python 语言基于 urllib 编写的第三方库，采用的是 Apache2 Licensed 开源协议的 HTTP 库，requests 比 urllib 更加方便，完全满足 HTTP 测试需求，多用于接口测试。

scrapy 是用纯 Python 实现的一个爬取网站数据、提取结构性数据的 Web 应用框架。scrapy 提供 URL 队列、异步多线程访问、定时访问、数据库集成等众多功能，具备产品级运行能力。

2. 数据分析方向

numpy 库是一个用 Python 实现的科学计算库。包括：一个强大的 N 维数组对象 Array；比较成熟的函数库；用于整合 C/C++ 和 Fortran 代码的工具包；实用的线性代数、傅里叶变换和随机数生成函数。numpy 提供了许多高级的数值编程工具，如矩阵数据类型、矢量处理以及精密的运算库。

scipy 是一款方便、易于使用、专为科学和工程设计的 Python 工具包，它在 numpy 库的基础上增加了众多的数学、科学以及工程计算中常用的库函数。它包括统计、优化、整合、线性代数模块、傅里叶变换、信号和图像处理、常微分方程求解器等众多模块。

pandas 是基于 numpy 的一种工具，该工具是为了解决数据分析任务而创建的。pandas 纳入了大量库和一些标准的数据模型，提供了高效地操作大型数据集所需的工具。pandas 提供了大量能使用户快速便捷地处理数据的函数和方法，包括时间序列和一、二维数组等。

3. 文本处理方向

pdfminer 是一个可以从 PDF 文档中提取各类信息的第三方库。与其他 PDF 相关的工具不同，它能够完全获取并分析 PDF 的文本数据。pdfminer 能够获取 PDF 中文本的准确位置、字体、行数等信息，能够将 PDF 文件转换为 HTML 及文本格式。

openpyxl 是一个处理 Excel 文档的 Python 第三方库，它支持读写 Excel 的 xls、xlsx、xlsm、xltm 等格式文件，并进一步能处理 Excel 文件中的工作表、表单和数据单元。

Python-doc 是一个处理 Word 文档的 Python 第三方库，它支持读取、查询以及修改 doc、docx 等格式文件，并能对 Word 常见的样式进行编程设置，包括字符样式、段落样式、表格样式、页面样式等。

beautifulsoup 4 库也叫 beautifulsoup 库或 bs 4 库，是一个可以从 HTML 或 XML 文件中提取数据的 Python 库。它能够通过转换器实现惯用的文档导航、查找、修改文档的方式。beautifulsoup 配合 requests 使用，能大大提高爬虫效率。

4. 数据可视化方向

matplotlib 是一个 Python 的 2D 绘图库，它以各种硬拷贝格式和跨平台的交互式环境生成出版质量级别的图形。通过 matplotlib，开发者仅需要几行代码便可以绘制直方图、功率谱、条形图、错误图、散点图等。

VTK 是一套三维的数据可视化工具，它由 C++ 编写，包涵了近千个类帮助处理和显示数据。它在 Python 下有标准的绑定，不过其 API 和 C++ 相同，不能体现出 Python 作为动态语言的优势。因此 enthought.com 开发了一套 TVTK 库对标准的 VTK 库进行包装，提供了 Python 风格的 API、支持 Trait 属性和 numpy 的多维数组。

mayavi 库是完全用 Python 编写的基于 VTK 开发的三维可视化工具，可以方便地用 Python 编写扩展，嵌入到用户编写的 Python 程序中，或者直接使用其面向脚本的 API：mlab 快速绘制三维图。

5. 用户图形界面方向

PyQt5 是 Qt5 应用框架的 Python 第三方库，它有超过 620 个类和近 6000 个函数和方法。它是 Python 中最为成熟的商业级 GUI 第三方库。这个库是 Python 语言当前最好用的 GUI 第三方库，它可以在 Windows、Linux 和 MacOS X 等操作系统上跨平台使用。

wxPython 是 Python 语言的一套优秀的 GUI 图形库，它是跨平台 GUI 库 wxWidgets 的

Python 封装，可以使 Python 程序员轻松地创建健壮可靠、功能强大的图形用户界面的程序。

PyGTK 是基于 GTK+ 的 Python 语言封装。PyGTK 具有跨平台性，它提供了各式的可视化元素和功能，能够轻松创建具有图形用户界面的程序。

6. 机器学习方向

scikit-learn 是用 Python 实现的机器学习算法库。scikit-learn 可以实现数据预处理、分类、回归、降维、模型选择、聚类等常用的机器学习算法。scikit-learn 是基于 numpy、scipy、matplotlib 的。

TensorFlow 是一个开放源代码软件库，用于进行高性能数值计算。借助其灵活的架构，用户可以轻松地将计算工作部署到多种平台（CPU、GPU、TPU）和设备（桌面设备、服务器集群、移动设备、边缘设备等）。可为机器学习和深度学习提供强力支持，并且其灵活的数值计算核心广泛应用于许多其他科学领域。

Theano 为执行深度学习中大规模神经网络算法的运算而设计，擅长处理多维数组。Theano 可以理解为是一个运算数学表达式的编译器，并可以高效运行在 GPU 或 CPU 上。Theano 是一个偏向底层开发的库，更像一个研究平台而非单纯的深度学习库。

7. Web 开发方向

Django 是一个基于 MVC 构造的框架。Django 更关注的是模型（model）、模板（template）和视图（views），称为 MTV 模式。Django 的主要目的是简便、快速地开发数据库驱动的网站。Django 强调代码复用，有许多功能强大的第三方插件，这使得 Django 具有很强的可扩展性。它还强调快速开发和 DRY 原则。

Pyramid 是一个通用、开源的 Python Web 应用程序开发框架。它主要的目的是让 Python 开发者更简单地创建 Web 应用。相比于 Django，Pyramid 是一个相对小巧、快速、灵活的开源 Python Web 框架。开发者可以灵活选择使用的数据库、模板风格、URL 结构等内容。

Flask 是轻量级 Web 应用框架，相比 Django 和 Pyramid，它也被称为微框架。使用 Flask 开发 Web 应用十分方便，甚至几行代码即可建立一个小型网站。Flask 核心十分简单，并不直接包含诸如数据库访问等的抽象访问层，而是通过扩展模块形式来支持。

8. 游戏开发方向

Pygame 是在 SDL 库基础上进行封装的、面向游戏开发入门的 Python 第三方库，除了制作游戏外，还用于制作多媒体应用程序。其中，SDL 是开源、跨平台的多媒体开发库，通过 OpenGL 和 Direct3D 底层函数提供对音频、键盘、鼠标和图形硬件的便捷访问。

Panda3D 是一个开源、跨平台的 3D 渲染和游戏开发库，简单说，它是一个 3D 游戏引擎。Panda3D 支持 Python 和 C++ 两种语言，但对 Python 支持更全面。Panda3D 支持很多当代先进游戏引擎所支持的特性，如法线贴图、光泽贴图、HDR、卡通渲染和线框渲染等。

cocos2d 是一个构建 2D 游戏和图形界面交互式应用的框架，它包括 C++、JavaScript、Swift、Python 等多个版本。cocos2d 基于 OpenGL 进行图形渲染，能够利用 GPU 进行加速。cocos2d 引擎采用树形结构来管理游戏对象，一个游戏划分为不同场景，一个场景又分为不同层，每个层处理并响应用户事件。

在实际的项目开发时，针对项目的需求，可以先查找一下当前有哪些库可以用，然后再进行项目开发，这样可以大大提高开发的效率。

6.3.3 第三方库的安装

第三方库不像 Python 标准库是 Python 直接集成的，而是需要手动安装的。这里需要用到 pip，它是 Python 的包管理工具。该工具提供了对 Python 包的查找、下载、安装、卸载的功能。如果在 Python.org 下载最新版本的安装包，则是已经自带了 pip 工具。Python 2.7.9＋或 Python 3.4+ 以上版本都自带 pip 工具。pip 的安装路径在 Python 安装目录下的 Scripts 文件夹下。当然也可以通过以下操作来判断是否已安装 pip 工具。在 Windows 下的 "运行" 对话框中（按【Win+R】快捷键可以打开 "运行" 对话框）通过 cmd 打开命令行提示符，如图 6-6 所示。调出管理员窗口，输入命令：

```
Python-m pip -version
```

如果安装了 pip 工具，则输出结果为当前 pip 的版本和安装位置。否则需要手动安装 pip，不同的操作系统安装方法不同，在此不详细展开。

在命令行窗口输入命令：

```
pip --help
```

可以查看 pip 命令的参数及其用法。

常用的 pip 命令如表 6-2 所示。

图 6-6 "运行" 对话框

表 6-2 常用 pip 命令

命 令	说 明
pip install 库名	安装库（默认拉取最新版本安装，特定版本的话可以在后面加上＝版本号）
pip uninstall 库名	卸载库
pip show 库名	查看库的详细信息，如果具体到有什么文件可以加上 --files
pip list	查看已安装的第三方库
pip list --outdated	检查有哪些可以更新的包
pip -V	查看 pip 版本号
pip install --upgrade 库名	更新 pip

注意：这个不是在 Python 的控制台窗口输入的指令，而是系统命令，因为这是在和第三方库进行交互。

一般情况下，使用 pip install 命令在线安装 Python 第三方库，但是如果遇到不能联网等各种问题，就需要下载安装包，然后通过离线安装的方式来实现安装。这就需要动动脑筋了，因为需要具体问题具体分析，细节就不在此展开了。

小　结

本章主要介绍了 Python 的模块和包的基础知识，包括模块的内建属性和内建函数，模块的搜索路径，模块和包的导入，以及 Python 标准库和第三方库的基本内容。通过本章知识的学习，就好像打开了通往宝藏的地图，接下来就好好利用 Python 提供的强大的库来寻宝吧。

习　题

1. 什么是 Python 的模块？Python 的包是什么？
2. Python 的内建属性有哪些？
3. 如何导入模块？如何让解释器找到需要导入的模块？
4. 如何导入包？如果一个包含有子包，如何导入子包中的模块？
5. 试一试安装支持科学计算的 numpy 库，并用一用里面提供的方法。

第 **7** 章

文件操作

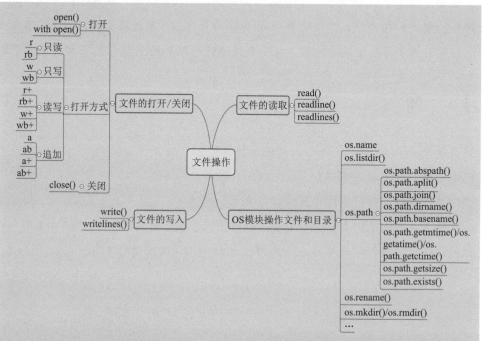

文件是指记录在存储介质上的一组相关信息的集合，存储介质可以是纸张，计算机磁盘、光盘或其他电子媒体，照片或标准样本，或它们的组合。组成文件的数据可以采用不同的编码方式，比如 ASCII 编码和二进制编码。在 Windows 操作系统下，文件名称由文件主名和拓展名组成，拓展名由 1~3 个字符组成，主文件名的命名规则与所使用的操作系统有关，用来与其他文件进行区分，而扩展名标识文件的类型，用来指定打开和操作该文件的应用程序。例如：Python 语言编写的源程序文件的扩展名是 .py，文本文件的扩展名是 .txt，Word 文件的扩展名是 .doc 等。特别是在 Linux 和 UNIX 系统中，一切皆文件。因此对文件的操作是非常重要的。

7.1　文件的打开与关闭

大多数文件都存储在外部存储器，操作时需要先调入内存，才能处理。文件的打开操作就是将文件从外部存储器调入内存的过程，这个过程需要使用 open 命令，生成 file 对象。具体的语法格式如下：

```
<file 对象名 > = open(< 文件名 >,< 打开模式 >)
```

文件名包括文件的路径和名称。在 Python 中，如果需要打开的文件与程序文件不在同一目录下，需要提供文件的路径，可以使用绝对路径，也可以使用相对路径。打开模式表示打开文件的模式，一般有只读、写入、追加等。这个参数是非强制的，默认文件访问模式为只读 (r)。表 7–1 展示了文件的打开模式。

表 7–1　文件的打开模式

模　式	可执行的操作	格　式	若文件不存在时	文件指针在文件的位置	备　注
r	只读	字符串	报错	开头	默认打开模式
rb	只读	二进制	报错	开头	
r+	读写	字符串	报错	开头	
rb+	读写	二进制	报错	开头	
w	只写	字符串	创建新文件	开头	覆盖原文件
wb	只写	二进制	创建新文件	开头	覆盖原文件
w+	读写	字符串	创建新文件	开头	覆盖原文件
wb+	读写	二进制	创建新文件	开头	
a	追加	字符串	创建新文件	结尾	
ab	追加	二进制	创建新文件	结尾	
a+	追加	字符串	创建新文件	结尾	
ab+	追加	二进制	创建新文件	结尾	

为了对文件的不同打开模式进行讲解，在此给出测试文件 text.txt，内容为字符串 'abcdefg'，如下：

```
# -*- coding: utf-8 -*-
# text.txt
# 文件内容为:
# abcdefg
```

下面将分别以示例方式展示各种打开模式的情况。

1. r

'r' 代表以只读方式打开文件，文件不可写，此时若打开的文件不存在时会报错，文件的指针将会放在文件的开头。这是 open 打开的默认模式。

```
>>>file = open('test.txt', 'r')
```

①如果当前路径下文件不存在，输出结果为：

```
FileNotFoundError: [Errno 2] No such file or directory: 'test.txt'
```

注意：添加文件路径时需要注意，'\' 代表转义符，所以在写文件地址时，应采用 r 输入，或者加双反斜杠的方式，例如：

```
file = open(r'D:\python\test.txt', 'r')
```

或者是：

```
file = open('D:\\python\\test.txt', 'r')
```

否则会报错。

②如果当前路径下文件存在：

```
>>>file = open('text.txt', 'r')# 以只读方式打开
>>>print(file.read())# 读取文件内容
# 输出结果为：
abcdefg
>>>file.write('aaa')# 写入字符串 'aaa'
# 报错：
io.UnsupportedOperation: not writable
>>>file.close()  # 关闭文件
```

2. rb

'rb' 代表以二进制格式打开一个文件用于只读，文件不可写，此时若打开的文件不存在时会报错，文件指针将会放在文件的开头。这是二进制文件的默认打开模式。

```
>>> file = open('test.txt', 'rb')# 以二进制只读方式打开
>>> print(file.read())# 读取文件内容
# 输出结果为：
b'abcdefg'
>>> file.write(b'aaa')# 写入字符串 'aaa'
# 报错：
io.UnsupportedOperation: not writable
>>>file.close()# 关闭文件
```

3. r+

'r+' 打开一个文件用于读写，写入内容为字符串，文件指针将会放在文件的开头，此时重新写入的内容从头开始替换。

```
>>> file = open('text.txt', 'r+')# 以读写方式打开
>>>file.write('aaa')# 写入字符串 'aaa'
>>>file.close()  # 关闭文件
>>>file = open('text.txt','r')# 以只读方式打开
>>>print(file.read())# 读取文件内容
```

```
# 输出结果:
'abcdefg'
>>>file.close() # 关闭文件
```

4. rb+

'rb+' 以二进制格式打开一个文件用于读写，写入内容为 bytes 类型，文件指针将会放在文件的开头，重新写入的内容从头开始替换。

```
>>> file = open('text.txt','rb+')# 以二进制读写格式打开文件
>>> file.write('aaa')# 写入字符串 'aaa'
# 报错:
TypeError: a bytes-like object is required, not 'str'
>>> file.write(b'aaa')# 以二进制方式写入字符串 'aaa'
>>> file.close() # 关闭文件
>>> file = open('text.txt','rb')# 以二进制只读方式打开
>>> print(file.read())# 读文件的内容
# 输出结果:
b'aaadefg'
>>> file.close()# 关闭文件
```

5. w

'w' 打开一个文件只用于写入，写入内容为 str 类型，文件不可读。如果该文件已存在则将其覆盖，原文件内容将清空；如果该文件不存在，则创建新文件。

```
>>> file = open('text.txt', 'w')
>>> file.write('gfedcba')
>>> file = open('text.txt', 'r')
>>> print(file.read())
# 输出结果:
'gfedcba'
>>> file.close() # 关闭文件
```

6. wb

'wb' 以二进制格式打开一个文件只用于写入，写入内容为 bytes 类型，文件不可读。如果该文件已存在则将其覆盖，原文件内容将清空；如果该文件不存在，则创建新文件。

```
>>> file = open('text.txt', 'wb')
>>> file.write(b'gfedcba')
>>> file = open('text.txt', 'r')
>>> print(file.read())
# 输出结果:
b'gfedcba'
>>> file.close() # 关闭文件
```

7. w+

'w+' 打开一个文件用于读写，写入内容为 str 类型。如果该文件已存在则将其覆盖，原文件内容将清空；如果该文件不存在，则创建新文件。

```
>>> file = open('text.txt', 'w+')
>>> file.write('gfedcba')
>>> file = open('text.txt', 'r')
>>> print(file.read())
# 输出结果:
'gfedcba'
>>> file.close()# 关闭文件
```

8. wb+

'wb+' 以二进制格式打开一个文件用于读写,写入内容为 bytes 类型。如果该文件已存在则将其覆盖;如果该文件不存在,则创建新文件。

```
>>> file = open('text.txt', 'wb+')
>>> file.write(b'gfedcba')
>>> file = open('text.txt', 'r')
>>> print(file.read())
# 输出结果:
b'gfedcba'
>>> file.close()# 关闭文件
```

9. a

'a' 打开一个文件用于追加(只写),写入内容为 str 类型。如果该文件已存在,文件指针将会放在文件的结尾,新的内容将会被写入到已有内容之后;如果该文件不存在,则创建新文件进行写入。

```
>>> file = open('text.txt', 'a')
>>> file.write('aaa')
>>> file.close()
>>> file = open('text.txt')
>>> print(file.read())
# 输出结果:
'abcdefgaaa'
>>> file.close()   # 关闭文件
```

10. ab

'ab' 以二进制格式打开一个文件用于追加(只写),写入内容为 bytes 类型。如果该文件已存在,文件指针将会放在文件的结尾,新的内容将会被写入到已有内容之后;如果该文件不存在,则创建新文件进行写入。

```
>>> file = open('text.txt', 'ab')
>>> file.write(b'aaa')
>>> file.close()
>>> file = open('text.txt')
>>> print(file.read())
# 输出结果:
b'abcdefgaaa'
>>> file.close()  # 关闭文件
```

11. a+

'a+' 打开一个文件用于追加（读写），写入内容为 str 类型。如果该文件已存在，文件指针将会放在文件的结尾，新的内容将会被写入到已有内容之后；如果该文件不存在，则创建新文件用于读写。

```
>>> file = open('text.txt', 'a+')
>>> file.write('aaa')
>>> file.close()
>>> file = open('text.txt')
>>> print(file.read())
# 输出结果：
'abcdefgaaa'
>>> file.close()      # 关闭文件
```

12. ab+

'ab+' 以二进制格式打开一个文件用于追加（读写），写入内容为 bytes 类型。如果该文件已存在，文件指针将会放在文件的结尾，新的内容将会被写入到已有内容之后；如果该文件不存在，则创建新文件用于读写。

```
>>> file = open('text.txt', 'ab+')
>>> file.write(b'aaa')
>>> file.close()  # 关闭文件
>>> file = open('text.txt')
>>> print(file.read())
# 输出结果：
b'abcdefgaaa'
>>> file.close()      # 关闭文件
```

注意：如果用 open 打开文件后没有将文件关闭，会一直占用资源，而且用 write 写入内容时，内容只在缓存，并没有写入文件，所以，文件打开完成操作后一定要记得关闭。

读写文件是最常见的 I/O 操作。需要注意的是，在磁盘上读写文件的功能都是由操作系统提供的，而现代操作系统基于数据安全性的考虑并不允许普通的程序直接操作磁盘，所以，读写文件就是请求操作系统打开一个文件对象（通常称为文件描述符），然后，通过操作系统提供的接口从这个文件对象中读取数据（读文件），或者把数据写入这个文件对象（写文件）的过程。由于文件读写时都有可能产生读写错误，一旦出错，后面的 f.close() 就不会调用。所以，为了保证无论是否出错都能正确地关闭文件，可以使用 try … finally 来实现，详细的用法请查阅"第 9 章异常"中的相关内容。比如：

```
try:
    f = open(r'D:\python\test.txt', 'r')
    print(f.read())
finally:
    if f:
        f.close()
```

每次都需要这块内容，所以 Python 引入了 with 语句来自动调用 close() 方法。语法规则如下：

```
with open(<文件名>,<打开模式>) as <File对象名>:
对file对象的具体的操作
```

对文件名和打开模式的用法与 open 一致。比如：

```
#fileIo.py
with open(r'D:\python\test.txt', 'r') as f:#'r'为只读方式打开
    print(f.read())  # 这里可以是对文件的具体操作，比如读、写等
```

在使用时，为了避免忘记关闭文件而造成的不必要的麻烦，建议使用 withopen() 来打开文件进行操作。

7.2 文件的读取

Python 文件对象提供了三个"读"方法：read()、readline() 和 readlines()。每种方法可以接收一个变量 size 以限制每次读取的数据量。

文件的读写

```
#D:\python\test.txt
# 文件的内容是：
I love python.
I like programming!
```

在命令行窗口可以用以下几种方法执行程序：

1. read() 方法

read() 的方式每次读取整个文件，它通常用于将文件内容放到一个字符串变量中。如果文件大于可用内存，为了保险起见，可以反复调用 read(size) 方法，每次最多读取 size 个字节的内容。

```
>>>f = open(r'D:\python\test.txt') # 默认以只读方式打开
>>> f.read()
# 输出结果：
'I love python. \nI like programming!\n' # 直接读取字节到字符串中，包括换行符
# 或者是：
>>> f.read(6)  # 按照size读内容
```

注意：上条语句 f.read() 执行完，文件指针已经在文件末尾，需要重新关闭和打开文件执行 f.read(6) 才会产生如下输出，否则输出为空。

```
# 输出结果：
'I love'
>>>f.read(6)
# 输出结果：' pytho'
>>>f.close() ## 关闭打开的文件
```

2. readline() 方法

readline() 的方式每次只读取一行：

```
>>>f = open(r'D:\python\test.txt') # 默认以只读方式打开
>>> f.readline()
# 输出结果:
'I love python. \n'
>>>f.close() ## 关闭打开的文件
```

3. readlines() 方法

readlines() 的方式自动将文件内容分析成一个行的列表。

```
>>>f = open(r'D:\python\test.txt') # 默认以只读方式打开
>>> f.readlines()
# 输出结果:
['I love python. \n', 'I like programming!\n']
>>>f.close() # 关闭打开的文件
```

注意：这三种方法是把每行末尾的 '\n' 也读进来了，它并不会默认地把 '\n' 去掉。而且在读取文件内容时需要注意文件指针所在位置。文件被读取后，文件指针一般会移至文件的末尾，此时再读取时不能读取到任何内容。如果需要移动文件指针，可采用 f.seek() 方法，重新定位文件的指针。例如：

```
>>>f = open(r'D:\python\test.txt', 'r+') # 以读写方式打开
>>> f.read()
# 输出结果:
'I love python. \nI like programming!\n' # 直接读取字节到字符串中，包括了换行符
>>> f.seek(3)# 将文件的指针指向第 3 个位置，从第 0 位开始数，也就是 'o' 的位置
# 输出结果: 3
# 文件指针的位置
>>> f.read()
# 输出结果:
'ove python. \nI like programming!'
>>>f.close() # 关闭打开的文件
```

Seek() 方法的标准形式为：seek(offset, from_what)，offset 代表移动的偏移量，from_what 代表从哪开始，可以设定为 0、1 或者 2。默认值为 0，表示从文件开头进行计算偏移量，这时候 offset 必须大于等于 0；如果为 1，表示从当前位置开始计算偏移量，如果 offset 为负数，表示往前移动，为正表示往后移动；如果为 2，表示相对于文件末尾移动。如果在上面的文件打开方式下输入用 f.seek(-3,2) 时会出现 io.UnsupportedOperation: can't do nonzero end-relative seeks 的错误，这是由于 Python 3 和 Python 2 的版本兼容性问题。该程序在 Python 2 中是不会报错的，而在 Python 3 中则会报错。因为 Python 3 在文本文件中，没有使用 b 模式选项打开的文件，只允许从文件头开始计算相对位置，这时从文件尾计算时就会引发异常。在开始使用 open() 打开文件时，将打开方式从 r 换成 rb 即可。

```
>>>f = open("f.txt","rb")  #如果使用 seek，这里必须使用 rb
>>> f.seek(-1,2)  #将文件指针定位到倒数第 2 位
# 输出结果：
35# 文件指针的位置
>>> f.read()
# 输出结果：
b'!'
>>>f.close()  #关闭打开的文件
```

在实际的文件读取操作中，经常结合 withopen() 采用逐行读取的方式，例如：

```
#file_reader.py
with open(r'D:\python\test.txt') as f:
    for line in f:
        print(line)
# 输出结果为：
I love python.

I like programming!
```

注意：出现了多个空行，这是因为文件中的每一行末尾有个换行符，而 print 语句也会在末尾加一个换行符，所以出现了每一行末尾被加上了两个换行符的结果，可以在 print 语句中使用 rstrip() 来消除空行。

```
#file_reader.py
with open(r'D:\python\test.txt') as f:
    for line in f:
        print(line.rstrip())
# 输出结果为：
I love python.
I like programming!
```

也可以创建一个包含文件各行内容的列表，比如：

```
with open(r'C:\Users\weiwei\Desktop\New folder\test.txt') as f:
    lines=f.readlines()
    for line in lines:
        print(line.rstrip())
# 输出结果为：
I love python.
I like programming!
```

7.3 文件的写入

写文件和读文件是一样的，唯一区别是调用 open() 函数时，传入参数 'w' 或者 'wb' 表示写文本文件或写二进制文件。Python 文件对象提供了两个"写"方法：write(str) 写入字符串；writelines() 写入多行。

1. write() 方法

write(str) 将字符串 str 写入文件。此方法没有返回值。 由于缓冲，在调用 flush() 或 close() 方法之前，字符串可能不会写入到打开的相关联文件中。

```
>>> f = open(r'D:\python\test.txt', 'w')
>>> f.write('Hello, world!')
>>> f.close()
```

可以反复调用 write() 来写入文件，但是务必要调用 f.close() 来关闭文件。当写文件时，操作系统往往不会立刻把数据写入磁盘，而是放到内存缓存起来，空闲的时候再慢慢写入。只有调用 close() 方法时，操作系统才保证把没有写入的数据全部写入磁盘。忘记调用 close() 的后果是数据可能只写了一部分到磁盘，剩下的丢失了。所以，可以采用 with 语句：

```
with open(r'D:\python\test.txt', 'w') as f:
    f.write('Hello, world!')
```

写入多行时，需要手动添加换行符，比如：

```
with open(r'D:\python\test.txt', 'w') as f:
    f.write('Hello, world!\n')
    f.write('I love python!\n')
```

以上操作每次都会覆盖原本的内容，如果需要给文件以附加模式在后面添上其他内容，需要用 'a' 模式打开文件：

```
with open(r'D:\python\test.txt', 'a') as f:
    f.write('Hello, world!\n')
    f.write('I love python!\n')
```

2. writelines() 方法

writelines() 可以以列表的形式一次性写入多行，而且调用 writelines 写入多行在性能上会比使用 write 一次性写入要好。

```
with open(r'C:\Users\weiwei\Desktop\New folder\test.txt','w+') as f:
    f.writelines(['sfsfsfsdf\n','sfdsdfsdfsdf'])
```

7.4 OS 模块操作文件和目录

在实际应用中，例如在自动化测试中，经常需要查找操作文件，比如说查找配置文件、测试报告等，经常需要对大量文件和大量路径进行操作，这就需要依赖 os 模块。os 模块提供了多数操作系统的功能接口函数。当 os 模块被导入后，它能自适应于不同的操作系统平台，并根据不同的平台进行相应的操作。本节对常用的 os 模块命令进行简单的介绍。

1. os.name

os.name 返回操作系统的名字，主要作用是判断目前正在使用的平台，并给出操作系统的名字。其中 #'nt' 代表 Windows，'posix' 代表 Linux 或 UNIX。

```
>>> os.name
# 输出结果：
'nt'
```

2. os.listdir()/os.pardir/os.curdir

os.listdir() 列出 path 目录下所有的文件和目录名（包含隐藏文件）。path 参数可以省略，表示当前目录。os.pardir 获取当前目录的父目录字符串名。os.curdir 返回当前目录。

```
>>>os.listdir()
# 输出结果：['DLLs', 'Doc', 'include', 'Lib', 'libs', 'LICENSE.txt', 'NEWS.
txt', 'python.exe', 'python3.dll', 'python37.dll', 'pythonw.exe',
'Scripts', 'tcl', 'Tools', 'vcruntime140.dll']
>>> os.pardir
# 输出结果：
'..'    # 当前目录的父目录
>>> os.curdir
# 输出结果：
'.'# 当前目录
```

注意：listdir 将所在目录下的所有文件以列表的形式全部列举出来，其中没有区分目录和文件。

3. os.getcwd()/os.chdir()

os.getcwd() 输出当前 python 脚本所在的路径，参数为空时输出当前路径。os.chdir('path') 更改路径。

```
>>> os.getcwd() # 获取当前路径
# 输出结果：
'C:\\Users\\AppData\\Local\\Programs\\python\\python37-32'
>>> os.chdir(r'C:\Users\Desktop\New folder')
>>> os.getcwd()
# 输出结果：
'C:\\Users\\Desktop\\New folder'
```

4. os.path

① os.path.abspath(path)：返回 path 的绝对路径。

```
>>> os.path.abspath('.')#. 代表当前路径
# 输出结果：
'C:\\Users\\AppData\\Local\\Programs\\python\\python37-32'
```

② os.path.split(path)：将路径分解为（文件夹, 文件名），返回的是元组类型。若路径字符串最后一个字符是"\"，则只有文件夹部分有值；若路径字符串中均无"\"，则只有文件名部分有值。若路径字符串有"\"，且不在最后，则文件夹和文件名均有值，且返回的文件夹的结果不包含"\"。与 os.path.join(path1,path2,...) 结合使用，可以将 path 进行组合，若其

中有绝对路径，则之前的 path 将被删除。

```
>>> os.path.split('C:\\pythontest\\ostest\\Hello.py')
# 输出结果：
('C:\\pythontest\\ostest', 'Hello.py')
>>> os.path.split('C:\\pythontest\\ostest\\')
# 输出结果：
('C:\\pythontest\\ostest', '')
>>> os.path.join('C:\\pythontest\\ostest', 'hello.py')
# 输出结果：
'C:\\pythontest\\ostest\\hello.py'
>>> os.path.join('C:\\pythontest\\b', 'C:\\pythontest\\a')
# 输出结果：
'C:\\pythontest\\a'
```

③ os.path.dirname(path)：返回 path 中的文件夹部分，结果不包含 "\"。

```
>>> os.path.dirname('C:\\pythontest\\ostest\\hello.py')
# 输出结果：
'C:\\Pythontest\\ostest'
```

④ os.path.basename(path)：返回 path 中的文件名。

```
>>> os.path.basename('D:\\pythontest\\ostest\\hello.py')
# 输出结果：
'hello.py'
```

⑤ os.path.getmtime(path)：返回文件或文件夹的最后修改时间，从新纪元到访问时的秒数。os.path.getatime(path)：返回文件或文件夹的最后访问时间，从新纪元到访问时的秒数。os.path.getctime(path)：返回文件或文件夹的创建时间，从新纪元到访问时的秒数。

```
>>> os.path.getmtime(r'C:\Users\weiwei\Desktop\New folder\test.txt')
# 输出结果：
1560914067.705335
>>> os.path.getatime(r'C:\Users\weiwei\Desktop\New folder\test.txt')
# 输出结果：
1560219378.837253
>>> os.path.getctime(r'C:\Users\weiwei\Desktop\New folder\test.txt')
# 输出结果：
1560219378.837253
```

⑥ os.path.getsize(path)：返回文件或文件夹的大小，若是文件夹返回 0。

```
>>> os.path.getsize(r'C:\Users\weiwei\Desktop\New folder\test.txt')
# 输出结果：
36
```

⑦ os.path.exists(path)：文件或文件夹是否存在，返回 True 或 False。

```
>>> os.path.exists(r'C:\Users\weiwei\Desktop\New folder\test.txt')
# 输出结果：
True
>>> os.path.exists(r'C:\Users\weiwei\Desktop\New folder\test1.txt')
```

```
# 输出结果:
False
>>> os.path.exists(r'C:\Users\weiwei\Desktop\New folder')
# 输出结果:
True
```

5. os.rename()/os.remove()

os.rename("old_name","new_name") 重命名文件。os.remove('filename') 删除单个文件。

```
>>> os.rename('test.txt','hello.txt')#将当前目录下的 'test.txt' 重命名为 'hello.txt'
>>> os.remove('hello.txt')#删除当前目录下的 'hello.txt'
```

6. 目录操作

os.mkdir('dirname') 创建单级目录。os.makedirs('dirname1/dirname2') 生成多级目录。os.rmdir('dirname') 删除单级目录。os.removedirs('dirname1/dirname2') 如果给出多级目录，则可以递归地删除目录，也就是删除子目录后如果父级目录为空，则继续删除父级目录。

```
>>> os.mkdir('a')#在当前目录下创建一个新的目录a
>>> os.listdir()
# 输出结果:
['a', 'test.txt']
>>> os.makedirs('a/b/c') #在当前目录下的a目录下创建b目录，再在b目录下创建c目录
>>> os.makedirs('b/c') #在当前目录下创建b目录，再在b目录下创建c目录
# 输出结果:
os.rmdir('a')
Traceback (most recent call last):
  File "<pyshell#63>", line 1, in <module>
    os.rmdir('a')
OSError: [WinError 145] The directory is not empty: 'a' #a非空不能直接删除
>>> os.rmdir('b/c') # 删除c目录
>>> os.removedirs('a/b/c')#目录a和它的子目录b和c都被删除
```

关于 os 模块的命令还有很多，在此就不一一列举了。读者可以结合之前学习的字符串和循环的内容，试着用 os 模块操作文件，将文件按照最终修改的时间、类型和大小进行排序等。

🎁 小　结

本章介绍了文件的打开、关闭、读取、写入等操作，并介绍了如何使用 os 模块操作文件和目录。通过本章的学习，读者能够掌握通过 Python 与文件进行交互的基本操作方式，能够顺利地操作磁盘里的文件。

习　题

1. 文件的打开方式有哪些?

2. 文件的读取方式有哪些?

3. 用 open 打开和用 withopen 打开文件有什么区别呢?

4. os 模块的常用方法有哪些?

5. 在电脑随便一个位置建一个文件, 试一试用代码访问文件, 并修改文件的内容。

6. 对硬盘里任意文件夹里的多个文件按照类型、修改时间和大小进行排序。

第 8 章

面向对象编程

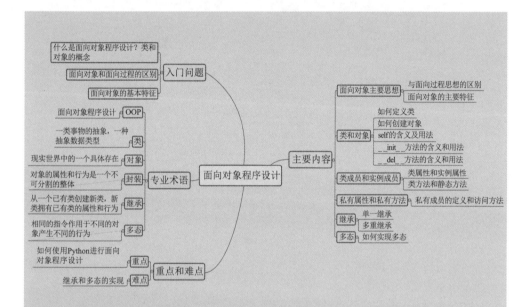

面向对象程序设计（Object Oriented Programming，OOP）的思想主要针对大型软件设计而提出，使得软件设计更加灵活，能够很好地支持代码复用和设计复用，并且使得代码具有更好的可读性和可扩展性。面向对象程序设计是软件系统设计与实现的一种新方法，代表了一种全新的程序设计思路。与面向过程程序设计不同，它不是把程序看作是工作在数据上的一系列过程或函数的集合，而是把程序看作相互协作而又彼此独立的对象的集合。每个对象就是一个封装体，里面封装了自己的数据和行为。相信很多读者都听说Python无处不对象，然而对象究竟是个什么东西，如何创建对象，对象间如何协作共同完成指定任务？对于这些大家可能并不十分清楚。本章将为大家一一拨开这些迷雾。

8.1 面向对象程序设计思想

面向对象概念

本节主要讲述面向对象程序设计和面向过程程序设计的区别，并重点介绍面向对象程序设计的基本概念，如抽象、对象、类、封装、多态、继承等。

8.1.1 面向过程思想和面向对象思想

大家之前应该已经接触过面向过程的编程语言，比如 C 语言就是面向过程的。面向过程，其实就是面向着具体的每一个步骤和过程，把每一个步骤和过程完成，然后由这些功能方法相互调用，完成需求。它主要采用模块分解与功能抽象，自顶向下、分而治之。而面向对象程序设计的关键思想就是将数据以及对数据的操作封装在一起，组成一个相互依存、不可分割的整体，即对象。设计程序的过程就是不断地创建对象、使用对象、指挥对象做事情。下面通过一个例子体会一下这两种思想的区别。

例如：吃煎饼果子。

①采用面向过程的思想来实现：

a. 学习摊煎饼的技术。

b. 买材料鸡蛋、油、葱等食材。

c. 开始做。

d. 吃。

②采用面向对象的思想来实现：

a. 找个会摊煎饼的大妈（创建一个摊煎饼大妈的对象）。

b. 调用其摊煎饼的技能（行为），把钱作为参数传递进去。

c. 返回给我们一个煎饼。

d. 吃。

从这个例子可以看出，面向过程强调的是过程，所有事情都需要自己完成；而面向对象是一种更符合人们思维习惯的思想（懒人思想，把事情交给别人去做），可以将复杂的事情简单化（对使用者来说简单了，对象里面还是很复杂的），将过程中的执行者变成了指挥者，角色发生了转换。

8.1.2 面向对象方法的特征

面向对象程序设计思想是一种以对象为中心的程序设计方式。它更加强调运用人们在日常的思维逻辑中经常采用的思想方法与原则，如抽象、分类、封装、继承和多态等。接下来对这些特征以及涉及的基本概念进行简单介绍。

1. 抽象

人类在认识复杂现象的过程中使用的最强有力的思维工具是抽象。抽象就是抽出事物的本质特征而暂不考虑它们的细节。如对于轿车、卡车、公交车，如果不考虑它们之间的差别，去找出它们的共性就可以得到车这个概念，这个过程就是从具体到一般，也就是抽象的过程。

2. 封装

之前已提到过封装的思想，比如把不同类型的数据加入到列表里边，这是一种封装，是数据层面的封装；把常用代码段打包成一个函数，这也是一种封装，是语句层面的封装；这里所讲的封装，更加先进一些，是对数据和代码的封装，把它们结合在一起，构成一个独立的封装体，也就是对象。

3. 对象

对象（Object）是客观世界存在的具体实体，具有明确定义的状态和行为。对象可以是有形的，如：一本书、一辆车等；也可以是无形的规则、计划或事件，如：记账单、一项记录等。对象的来源是模拟真实世界，把数据和代码都封装在一起。

图 8-1　小狗

比如，下面这个小狗（见图 8-1）就是真实世界的一个对象，那么应该怎么描述这个小狗呢？是不是可以把它分为两部分来说？

①可从静态的特征来描述，如白色的、有四条腿、2kg、两只眼睛等，这是静态方面的描述。

②还可从动态的行为来描述，如它会跑、会叫、会跳，被逼急了还会咬人，还会睡觉。这些都是从行为方面进行描述的。

可总结如下，对象就是属性和行为的一个封装体，属性是对对象静态特征的描述，行为是对对象动态特征的描述。

4. 类

类（Class）是用于描述同一类型的对象的一个抽象概念，类中定义了这一类对象所具有的静态和动态属性。类可以看成是一类对象的模板，对象可以看成该类的一个具体实现。图 8-2 很直观地描述了类和对象的关系。

其中，汽车设计图就是"类"，由这个图纸设计出来的若干个汽车就是该类的具体实例。由此可见，类是对象的模板、图纸，而对象是类的一个实例，一个类可以对应多个对象。

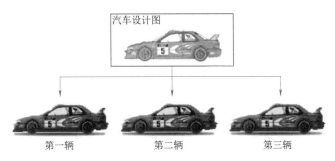

图 8-2　汽车类和对象图

5. 继承

继承是为代码复用和设计复用而设计的，是面向对象程序设计的重要特征之一。继承使得一个类可以继承另一个类的属性和方法，这样通过抽象出共同的属性和方法组建新的类，便于代码的重用。一般地，只要满足 "A is a B"，就可以让 A 继承 B，其中 A 是子类，B 是父类。子类自动共享父类的数据和方法，同时可以修改和扩充，并且继承具有传递性。

如图 8-3 所示，球类运动员是运动员，它可以继承运动员，同时，足球运动员是球类运动员，它可以继承球类运动员。

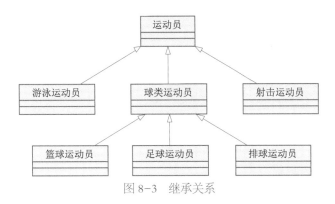

图 8-3　继承关系

注意：图 8-3 是采用 UML 表示的一种类的关系图，UML 即统一建模语言是一种开发的方法，用于说明、可视化、构建和编写一个正在开发的、面向对象的、软件密集系统的制品的开放方法。在 UML 中，使用矩形表示一个类，包含类名、类的属性和行为三部分内容。类之间的关系通过带不同类型箭头的线段表示，此图中的空心三角箭头表示类之间的继承关系，除此之外，类之间的关系还有关联、聚合、组合、泛化和依赖等。

UML 类图

6. 多态

多态性是指不同类型的对象接收相同的消息时产生不同的行为。这里的消息主要是对类中成员方法的调用，而不同的行为就是指类成员方法的不同实现。当对象接收到发送给它的消息时，根据该对象所属于的类动态选用在该类中定义的实现算法。

8.2 类和对象

Python 完全采用了面向对象程序设计的思想，是真正面向对象的高级动态编程语言，完全支持面向对象的基本功能，如前面介绍的封装、继承、多态等。但与其他面向对象程序设计语言不同的是，Python 中对象的概念很广泛，Python 中的一切内容都可以称之为对象。例如串、列表、字典、元组等内置数据类型都具有和类完全相似的语法和用法。本节重点介绍 Python 中如何定义并使用类和对象。

8.2.1 类的定义

Python 使用 class 关键字定义类，class 关键字后是一个空格，然后是类名，接着是一个冒号，最后换行进行类的内部实现。Python 约定类名的首字母大写，这是为了和函数名区分开。当然这不是必须的，也可以按照自己的习惯命名类，但是为了在团队开发时保持风格一致，建议大家遵循这个约定。具体语法格式如下：

```
class 类名：
    属性定义
    def 方法1(self, 参数列表)：
        pass
    def 方法2(self, 参数列表)：
        pass
```

方法的定义格式和之前的函数定义几乎一样，区别在于第一个参数必须是 self，这里读者只需要记住就行，self 的含义稍后会详细讲解。

【例 8-1】定义一个狗类。

```
class Dog:
    """这是一个狗类"""
    def eat(self):
        print("小狗爱吃骨头")
    def drink(self):
        print("小狗在喝水")
```

8.2.2 创建对象

当一个类定义完成之后，就可以使用这个类创建对象了，并且可以通过"对象名.成员"的方式来访问其中的数据成员和成员方法。语法格式如下：

对象变量 = 类名()

例如，创建一个狗对象，并调用其中的方法，代码如下：

```
tom = Dog()
tom.drink()
tom.eat()
```

在此强调一个概念"引用"，在 Python 中，引用和其他面向对象编程语言中的引用意思相同，表示的是一个内存地址。上例中，使用 Dog 类创建对象之后，tom 变量中记录的是对象在内存中的地址，也就是 tom 变量引用了新创建的 Dog 对象。如果使用 print 输出对象变量，默认情况下，能够输出这个变量引用的对象是由哪一个类创建的及其在内存中的地址（十六进制形式）。

如果使用 Dog 类再创建一个对象，例如：

```
jack = Dog()
jack.drink()
jack.eat()
```

那么，tom 和 jack 是同一个对象吗？读者可以自己思考一下。

8.2.3　self 参数

细心的读者会发现类中定义的方法中都会有一个 self 参数，那这个 self 参数到底代表什么意思呢？如果此前接触过其他面向对象编程语言，例如 Java，那么很容易就能理解，self 相当于 Java 中的 this。Python 规定 self 必须是方法的第一个形参（如果有多个形参）。为了让读者深刻理解 self 的含义，在此打个比方，如果把类比作是图纸，那么由类创建的对象才是真正可以入住的房子。由一张图纸可以设计出成千上万栋房子，但它们的主人不同。每个人都只能回自己的家，所以 self 这里就相当于每个房子的门牌号，有了这个号码，就可以轻松找到自己的房子。那么如何使用 self 呢？下面通过例子感受一下。

1. 案例改造——给对象增加属性

在 Python 中，要给对象设置属性非常容易，只需要在类的外部代码中设置即可。实际上不推荐这样做，因为对象属性应该封装在类的内部才更加合理。

如 8.2.2 节的示例中，要给创建的两个狗对象添加属性 name，可以这样做：

```
tom.name= 'Tom'
jack.name= 'Jack'
```

显然这种方式存在很多弊端，当对象过多或需要设置的属性过多时，代码会非常累赘，同时也违背了面向对象封装的特性。

2. 使用 self 访问对象的属性

由哪个对象调用的方法，方法内的 self 表示的就是哪个对象的引用。在类封装的方法内部，self 就表示当前调用方法的对象自身，调用方法时，不需要传递参数给 self。在方法内部，可以通过 self 访问对象的属性，也可以通过 "self." 的形式调用其他的对象方法。

【例 8-2】对 Dog 类进行改造，使用 self 来访问属性。

代码如下：

```python
class Dog:
    """ 这是一个狗类 """
    def eat(self):
        print("%s 爱吃骨头 " % self.name)
    def drink(self):
        print(" 小狗在喝水 ")
tom = Dog()
tom.name = 'Tom'
tom.eat()
jack = Dog()
jack.name = 'Jack'
jack.eat()
```

程序运行结果如下：

```
Tom 爱吃骨头
Jack 爱吃骨头
```

由此可以看出，在类的外部，可以通过 "对象名 ." 访问对象的属性和方法，在类的方法内部，可以通过 "self." 访问对象的属性和方法。

8.2.4　初始化方法

将例 8-2 的代码调整一下，先调用对象的方法，再进行属性的设置，如下所示：

```python
tom = Dog()
tom.eat()
tom.name = 'Tom'
print(tom)
```

执行程序，会出现如下错误信息：

```
AttributeError: 'Dog' object has no attribute 'name'
```

所以，在实际编程时不建议在类的外部给属性设初值，因为在运行时，没有找到属性，程序会报错。对象应该包含哪些属性，应该封装在类的内部。那么如何把属性封装在类内部并且在类内进行初始化呢？这里就需要用到 __init__() 方法。

当使用类名 () 创建对象时，会自动执行以下操作：

①为对象在内存中分配空间——创建对象；

②为对象的属性设置初值——调用初始化方法。

这里的初始化方法就是 __init__() 方法，它是对象的内置方法，专门用来定义一个类具有哪些属性。

【例 8-3】在 Dog 类中增加 __init__() 方法。

代码如下：

```
class Dog:
    """ 这是一个狗类 """
    def __init__(self):
        print(" 初始化方法 ")

tom = Dog()
```

程序运行结果如下：

```
初始化方法
```

由此可见，当创建对象时，会自动调用 __init__() 方法。这样就可以在该方法内部使用 self. 属性名 = 属性的初始值为属性设初值，那么，使用类创建的所有对象都会拥有该属性。

【例 8-4】对 Dog 类继续进行改造，在 __init__() 方法中设置属性并初始化。

代码如下：

```
class Dog:
    """ 这是一个狗类 """
    def __init__(self):
        print(" 这是一个初始化方法 ")
        # 定义用 Dog 类创建的狗对象都有一个 name 的属性
        self.name = "Tom"
    def eat(self):
        print("%s 爱吃骨头 " % self.name)
# 使用类名 () 创建对象的时候，会自动调用初始化方法 __init__
tom = Dog()
tom.eat()
```

程序运行结果如下：

```
这是一个初始化方法
Tom 爱吃骨头
```

但这种做法存在一个弊端，由类创建的所有对象的 name 属性的值都是相同的，这显然是不合理的。在实际程序开发时，如果希望不同的对象拥有不同的属性值，可以对 __init__() 方法进行如下改造。

①把想要设置的属性值定义成 __init__() 方法的参数；

②在方法内部使用 "self. 属性 = 形参" 的形式接收外部传递的实参；

③创建对象时，使用类名 (参数 1，参数 2，... 参数 n) 的形式。

【例 8-5】对上述 Dog 类继续进行改造。

代码如下：

```
class Dog:
    """ 这是一个狗类 """
    def __init__(self, name):
        print(" 这是一个初始化方法 ")
        # 定义用 Dog 类创建的狗对象都有一个 name 的属性
```

```
        self.name = name
    def eat(self):
        print("%s 爱吃骨头 " % self.name)
# 使用类名 () 创建对象的时候，会自动调用初始化方法  __init__
tom = Dog('Tom')
tom.eat()
jack = Dog('jack')
jack.eat()
```

程序运行结果如下：

```
这是一个初始化方法
Tom 爱吃骨头
这是一个初始化方法
jack 爱吃骨头
```

当然，有时候不需要显式定义 __init__() 方法，这完全取决于问题的需求。如果在程序里面没有显式定义 __init__() 方法，系统自动提供一个默认的 __init__() 方法来执行。

8.2.5 析构方法

如果说 __init__() 方法是对象的构造器的话，那么 Python 也提供了一个析构器，叫做 __del__() 方法，当对象将要被销毁的时候，这个方法就会被调用，用来释放对象占用的资源。如果程序没有显式定义该方法，Python 将会提供一个默认的析构方法进行必要的清理工作。举例体会一下 __del__() 方法执行的时机：

```
>>> class DelDemo:
    def __init__(self):
        print("__init__ 方法被调用了!")
    def __del__(self):
        print("__del__ 方法被调用了!")
>>> d1 = DelDemo()
__init__ 方法被调用了!
>>> d2 = d1
>>> d3 = d2
>>> del d1
>>> del d2
>>> del d3
__del__ 方法被调用了!
```

只有当对对象的所有引用都不存在时，才会把对象从内存中销毁，此时调用 __del__() 方法。通过对构造方法和析构方法的了解，可以看出，在 Python 中，当使用类名 () 创建对象时，为对象分配空间后，自动调用 __init__() 方法，而当一个对象被从内存中销毁前，会自动调用 __del__() 方法。通过重写 __init__() 方法，可以让创建对象更加灵活，如果希望在对象被销毁前做一些事情，可以重写 __del__() 方法。这两个方法都是 Python 的内置方法，除此之外，在 Python 中，还有大量的特殊方法支持更多的功能，例如运算符重载就是通过在类中重写特殊函数来实现的，在此就不一一列举了，需要的时候读者可以参阅相关资料。

8.3　类成员与实例成员

使用面向对象思想开发程序时，首先是设计类，然后使用类名 () 创建对象，创建对象的动作有两个：首先在内存中为对象分配空间，接着调用 _ _init_ _() 方法初始化对象。对象创建后，内存中就有一个对象实实在在地存在——实例。

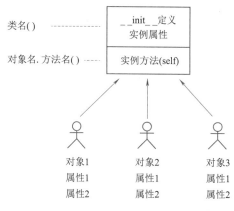

通常我们也会这么说：

①创建出来的对象叫做类的实例；

②创建对象的动作叫做实例化；

③对象的属性叫做实例属性；

④对象调用的方法叫做实例方法。

在程序执行时，对象各自拥有自己的实例属性，通过"self."访问自己的属性和方法。每一个对象都有自己独立的内存空间，保存各自不同的属性。多个对象的方法，在内存中只有一份，在调用方法时，需要把对象的引用传递到方法内部。如图 8-4 所示。

图 8-4　实例成员示意图

Python 中，一切皆对象，所以类也是一个特殊的对象——类对象。在程序运行时，类对象在内存中只有一份，使用一个类可以创建出多个实例对象。除了封装实例的属性和方法外，类对象还可以拥有自己的属性和方法——类属性和类方法，通过"类名."的方式访问类属性或者调用类方法。

8.3.1　类属性和实例属性

类属性就是在类中定义的属性，通常用来记录与这个类相关的特征，不会记录具体对象的特征，一般通过"类名."访问；而实例属性一般是在构造方法 _ _init_ _() 中定义的，定义和使用时必须以 self 作为前缀，如图 8-5 所示。

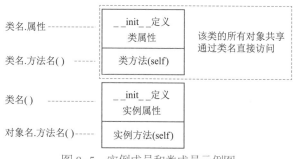

图 8-5　实例成员和类成员示例图

【例 8-6】定义一个玩具类，每个玩具都有自己的名字，现在需要知道用这个玩具类创建了多少个玩具对象。

代码如下：

```python
class Toy:
    # 使用赋值语句，定义类属性，记录创建工具对象的总数
    count = 0
    def __init__(self, name):
        self.name = name
        # 针对类属性做一个计数 +1
        Toy.count += 1
# 创建工具对象
toy1 = Toy("遥控车")
toy2 = Toy("陀螺")
toy3 = Toy("积木")
# 知道使用 Tool 类到底创建了多少个对象？
print("现在创建了 %d 个玩具" % Toy.count)
```

程序运行结果如下：

```
现在创建了 3 个玩具
```

其中，count 是一个类属性，它的值将在这个类的所有实例之间共享，可以在类内或者类外使用 Toy.count 访问，也可以通过"对象名 ."来访问，但不推荐这样做。要特别注意的是，如果使用"对象名 . 类属性 = 值"这样的赋值语句，只会给对象增加一个新的属性，而不会影响到类的属性值。

需要强调的是，Python 可以动态地为类和对象增加成员，这一点和很多面向对象的编程语言不同，也是 Python 动态类型特点的一个重要体现。

【例 8-7】对例 8-6 中的 Toy 进行改造，动态增加类成员和实例成员。

代码如下：

```python
class Toy:
    # 使用赋值语句，定义类属性，记录创建工具对象的总数
    count = 0
    def __init__(self, name):
        self.name = name
        # 针对类属性做一个计数 +1
        Toy.count += 1
# 创建工具对象
toy1 = Toy("遥控车")
toy2 = Toy("陀螺")
toy3 = Toy("积木")
# 增加类属性
Toy.owner = "佩佩"
# 修改实例属性
```

```
toy3.name = "拼图"
# 定义实例方法
def setPrice(self,price):
    self.price = price
# 动态为实例增加方法，需要导入 types 模块
import types
toy1.setPrice = types.MethodType(setPrice,toy1)
toy1.setPrice(200)
# 知道使用 Tool 类到底创建了多少个对象？
print("现在创建了 %d 个玩具" % Toy.count)
print(toy1.name," 价格是 ",toy1.price)
```

程序运行结果如下：

```
现在创建了 3 个玩具
遥控车 价格是 200
```

8.3.2　类方法和静态方法

1. 类方法

类方法就是针对类对象定义的方法，在类方法内部可以直接访问类属性或者调用其他的类方法，语法格式如下：

```
@classmethod
def 类方法名 (cls):
    pass
```

类方法需要用修饰器 @classmethod 来标识，告诉解释器这是一个类方法。

一般将 cls 作为类方法的第一个参数名称，这个参数和实例方法的第一个参数 self 类似，由哪个类调用的方法，方法内的 cls 就是哪个类的引用。当然也可以用其他名称，习惯上用 cls。

通过"类名."调用类方法时，不需要传递 cls 参数。在方法内部，可以通过 cls. 访问类的属性，也可以通过 cls. 调用其他的类方法。下面通过例子感受一下类方法的用法。

【例 8-8】定义一个玩具类，每个玩具都有自己的 name，现在要求在类中封装一个 show_tool_count 方法，输出使用该类创建的对象个数。

代码如下：

```
class Toy:
    # 使用赋值语句定义类属性，记录所有工具对象的数量
    count = 0
    @classmethod
    def show_toy_count(cls):
        print("玩具对象的数量是 %d" % cls.count)
    def __init__(self, name):
        self.name = name
        # 让类属性的值 +1
        Toy.count += 1
```

```
# 创建工具对象
toy1 = Toy("遥控汽车")
toy2 = Toy("积木")
# 调用类方法
Toy.show_toy_count()
```

程序运行结果如下：

```
玩具对象的数量 2
```

2. 静态方法

静态方法和类方法都可以通过类名和对象名调用，但不能直接访问属于对象的成员，只能访问属于类的成员。如果要在类中封装一个方法，这个方法既不需要访问实例属性或者调用实例方法，也不需要访问类属性或者调用类方法，就可以把这个方法封装成一个静态方法。静态方法的语法如下：

```
@staticmethod
def 静态方法名():
    pass
```

例如下面代码定义了一个静态方法，直接通过类名进行访问，不需要实例化对象。

```
class Dog:
    @staticmethod
    def run():
        # 不访问实例属性/类属性
        print("小狗要跑...")
# 通过类名.调用
Dog.run()
```

最后通过一个例子演示实例方法、类方法和静态方法的使用。

【例 8-9】设计一个 Game 类，属性包括：一个类属性 top_score 记录游戏的历史最高分，一个实例属性 player_name 记录当前游戏的玩家姓名。方法包括：静态方法 show_help 显示游戏帮助信息，类方法 show_top_score 显示历史最高分，实例方法 start_game 开始当前玩家的游戏。

代码如下：

```
class Game:
    # 历史最高分
    top_score = 0
    def __init__(self, player_name):
        self.player_name = player_name
    @staticmethod
    def show_help():
        print("帮助信息：让僵尸进入大门")
    @classmethod
    def show_top_score(cls):
```

```
            print(" 历史记录 %d" % cls.top_score)
    def start_game(self):
            print("%s 开始游戏啦 ..." % self.player_name)
            # 修改历史最高分
            Game.top_score = 10000
# 1. 查看游戏的帮助信息
Game.show_help()
# 2. 查看历史最高分
Game.show_top_score()
# 3. 创建游戏对象
game = Game(" 小明 ")
game.start_game()
```

总结一下，什么情况下使用哪种方法：

①实例方法——方法内部需要访问实例属性；

②类方法——方法内部只需要访问类属性；

③静态方法——方法内部不需要访问实例属性和类属性。

如果方法内部既需要访问实例属性又需要访问类属性，那么应该把方法定义为实例方法，因为实例方法可以访问类属性。

8.4　私有属性和私有方法

在实际程序开发中，对象的某些属性或方法可能只希望在对象的内部被使用，而不希望在外部被访问到，这时候就可以定义为私有的。Python 并没有对私有成员提供严格的访问保护机制。在定义属性和方法时，在前面增加两个下画线则表示私有属性和私有方法。私有成员在类的外部不能直接访问，需要通过调用对象的公有成员方法来访问，或者通过 Python 支持的特殊方式访问。

【例 8-10】在类中定义私有成员。

代码如下：

```
class Women:
    def __init__(self, name):
        self.name = name
        self.__age = 18
    def __secret(self):
        # 在对象的方法内部，是可以访问对象的私有属性的
        print("%s 的年龄是 %d" % (self.name, self.__age))
xiaofang = Women(" 小芳 ")
# 私有属性，在外界不能够被直接访问
print(xiaofang.__age)
# 私有方法，同样不允许在外界直接访问
xiaofang.__secret()
```

运行程序，错误信息如下：

```
AttributeError: 'Women' object has no attribute '__age'
```

Python 中，并没有真正意义的私有，只是对名字做了特殊处理，使得外界无法访问。实际上还可以通过特殊方式访问私有成员，在私有成员名称前加"_类名"，即"_类名__私有成员名"，以这种方式就可以访问。

【例 8-11】对例 8-10 的代码进行修改。

代码如下：

```
class Women:
    def __init__(self, name):
        self.name = name
        self.__age = 18
    def __secret(self):
        # 在对象的方法内部，是可以访问对象的私有属性的
        print("%s 的年龄是 %d" % (self.name, self.__age))
xiaofang = Women(" 小芳 ")
# 伪私有属性，在外界不能够被直接访问
print(xiaofang._Women__age)
# 伪私有方法，同样不允许在外界直接访问
xiaofang._Women__secret()
```

程序运行结果如下：

```
18
小芳 的年龄是 18
```

私有成员是为了数据封装和保密性而设置的，一般只能在类的成员方法（类的内部）中使用访问，虽然 Python 支持这种特殊的方式从外部直接访问私有成员，但日常开发中不推荐这样做。

在 Python 中，以下画线开头的变量名和方法名有特殊的含义，尤其在类的定义中，用下画线作为变量名和方法名的前缀和后缀来表示类的特殊成员。

① _xxx：这样的对象叫保护成员，不能用 "from module import *" 导入，只有类对象和子类对象能访问这些成员。

② __xxx__：系统定义的特殊成员。

③ __xxx：类中的私有成员，只有类对象自己能访问，子类对象也不能访问，但在对象外部可以通过"对象名 ._类名__xxx"这种形式访问。Python 中不存在严格意义上的私有成员，是伪私有的。

🎁 8.5　继　　承

继承是面对象程序设计的重要特性之一，利用继承可以进行代码的复用，从而大幅减少

开发工作量。所谓继承，就是新类从已有类那里得到已有的特性。其中已有的类称为父类或者基类，新类称为子类或者派生类。类之间的继承关系是软件复用的一种形式，它表示类之间的内在联系以及对属性和行为的共享。即子类可以沿用父类的某些特征，并根据自己的需要添加新的属性和操作。图 8-6 很好地诠释了继承对软件开发带来的好处。

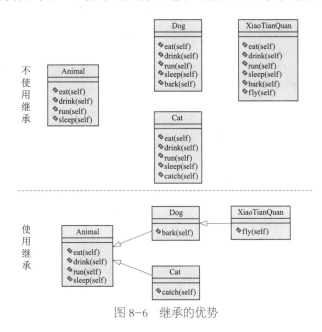

图 8-6　继承的优势

8.5.1　单一继承

单一继承即子类只能有一个父类，但父类可以拥有多个子类，单一继承的语法结构如下：

单一继承

```
class 类名（父类名）：
    pass
```

【例 8-12】实现图 8-6 中 Animal 和 Dog 的继承关系。

代码如下：

```
class Animal:
    def eat(self):
        print("吃 ---")
    def drink(self):
        print("喝 ---")
    def run(self):
        print("跑 ---")
    def sleep(self):
        print("睡 ---")
class Dog(Animal):
```

```
      # 子类拥有父类的所有公有属性和方法
      # def eat(self):
      #     print(" 吃 ")
      #
      # def drink(self):
      #     print(" 喝 ")
      #
      # def run(self):
      #     print(" 跑 ")
      #
      # def sleep(self):
      #     print(" 睡 ")
      # 在此只需要加入自己特有的方法即可
      def bark(self):
          print(" 汪汪叫 ")
# 创建一个对象 - 狗对象
wangcai = Dog()
wangcai.eat()
wangcai.drink()
wangcai.run()
wangcai.sleep()
wangcai.bark()
```

子类继承自父类，可以直接使用父类中已经封装好的方法，不需要再次开发。子类中应该根据职责,封装子类特有的属性和方法。继承具有传递性,即子类会继承父类的属性和方法。

1. 方法重写

当父类的方法实现不能满足子类需求时，子类可以对父类的方法进行修改，在子类中重新定义和父类同名的方法，这就是方法重写。

重写父类方法有两种情况：

（1）覆盖父类方法

如果父类的方法实现和子类的方法实现完全不同，就可以使用覆盖的方式，在子类中重新编写父类的方法实现。具体实现起来就相当于在子类中定义一个和父类同名的方法并且实现。重写之后，运行时通过子类对象调用的是子类中重写的方法，而不是父类封装的方法。

（2）对父类进行扩展

如果子类的方法实现中包含父类的方法实现，就可以使用该方式。即在子类中重写父类方法，在需要父类方法提供的功能的地方使用"super(). 父类"方法来调用父类方法的执行，代码其他位置针对子类的需求，编写子类特有的代码实现。

关于这里的 super ，它是 Python 中一个特殊的类，super() 就是使用 super 类创建出来的对象，最常使用的场景就是在重写父类方法时，通过它调用父类被重写的方法。当然想调用父类被重写的方法，也可以采用"父类名 . 方法 (self)"的方式，但不推荐使用，因为一旦父类发生变化，方法调用位置的类名同样需要修改。

【例 8-13】重写父类方法。

代码如下：

```python
class Animal:
    def eat(self):
        print(" 吃 ---")
    def drink(self):
        print(" 喝 ---")
    def run(self):
        print(" 跑 ---")
    def sleep(self):
        print(" 睡 ---")
class Dog(Animal):
    def bark(self):
        print(" 汪汪叫 ")
class XiaoTianQuan(Dog):
    def fly(self):
        print(" 我会飞 ")
    def bark(self):
        # 1. 针对子类特有的需求，编写代码
        print(" 神一样地叫唤 ...")
        # 2. 使用 super(). 调用原本在父类中封装的方法
        super().bark()
        # 父类名 . 方法 (self)
        #Dog.bark(self)
        # 注意：如果使用子类调用方法，会出现递归调用 - 死循环！
        # XiaoTianQuan.bark(self)
        # 3. 增加其他子类的代码
        print(" 噜啦啦噜啦啦 ")
xtq = XiaoTianQuan()
# 如果子类中重写了父类的方法
# 在使用子类对象调用方法时，会调用子类中重写的方法
xtq.bark()
```

程序运行结果如下：

```
神一样地叫唤 ...
汪汪叫
噜啦啦噜啦啦
```

2. 父类的私有属性和私有方法

子类对象不能在自己的方法内部直接访问父类的私有属性或私有方法，但是子类对象可以通过父类的公有方法间接访问父类的私有属性或私有方法。

【例 8-14】A 和 B 两个类的关系如图 8-7 所示。B 的对象不能直接访问 __num2 属性，也不能在 demo 方法内访问 __num2 属性。B 的对象可以在 demo 方法内调用父类的 test 方法，父类的 test 方法内部，能够访问 __num2 属性和 __test() 方法。

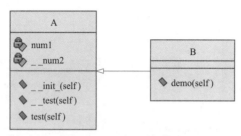

图 8-7　A 和 B 关系图

代码如下：

```python
class A:
    def __init__(self):
        self.num1 = 100
        self.__num2 = 200
    def __test(self):
        print("私有方法 %d %d" % (self.num1, self.__num2))
    def test(self):
        print("父类的公有方法 %d" % self.__num2)
        self.__test()
class B(A):
    def demo(self):
        # 1. 在子类的对象方法中，不能访问父类的私有属性
        # print("访问父类的私有属性 %d" % self.__num2)
        # 2. 在子类的对象方法中，不能调用父类的私有方法
        # self.__test()
        # 3. 访问父类的公有属性
        print("子类方法 %d" % self.num1)
        # 4. 调用父类的公有方法
        self.test()
        pass
# 创建一个子类对象
b = B()
b.demo()
# 在外界访问父类的公有属性 / 调用公有方法
# print(b.num1)
# b.test()
# 在外界不能直接访问对象的私有属性 / 调用私有方法
# print(b.__num2)
# b.__test()
```

8.5.2　多重继承

Python 支持多重继承，子类可以拥有多个父类，并且具有所有父类的属性和方法，多重继承的语法格式如下：

```
class 子类名 ( 父类名 1, 父类名 2...)
    pass
```

【例 8-15】多重继承。

代码如下：

```
class A:
    def test(self):
        print("test 方法 ")
class B:
    def demo(self):
        print("demo 方法 ")
class C(A, B):
    """ 多继承可以让子类对象，同时具有多个父类的属性和方法 """
    pass
# 创建子类对象
c = C()
c.test()
c.demo()
```

程序运行结果如下：

```
test 方法
demo 方法
```

如果不同的父类中存在同名的方法，子类对象在调用方法时，会调用哪个父类中的方法呢？在 Python 中针对类提供了一个内置属性 __mro__ 可以查看方法的搜索顺序。在搜索方法时，按照 __mro__ 的输出结果从左至右的顺序查找，如果在当前类中找到方法，则直接执行，不再搜索。如果没有找到，就查找下一个类中是否有对应的方法，如果找到最后一个类还没有找到方法，程序报错。

多重继承其实很容易导致代码混乱，所以当不确定是否真的必须使用多重继承的时候，请尽量避免使用它，因为有些时候会出现不可预见的 Bug。

8.6 多 态

多态是面向对象的特征之一，它以继承和重写父类方法为前提，当不同子类对象调用相同的父类方法，而产生不同的执行结果，这就称之为多态。多态可以增加代码的灵活度，是调用方法的技巧，不会影响到类的内部设计。当类作为函数参数时，最能体现多态的好处。

如图 8-8 所示，程序员和设计师是人类的子类，父类定义了 work() 方法，两个子类分别重写了 work() 方法，具体实现细节不同。那么通过程序员对象调用 work() 方法和通过设计师对

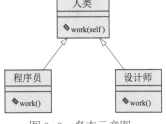

图 8-8 多态示意图

象调用 work() 方法执行的结果是不同的。

【例 8-16】对例 8-12 中的 Dog 类进行改造，在里面定义 game() 方法，狗可以进行简单的玩耍，子类 XiaoTianDog 继承 Dog，并且重写 game() 方法，但哮天犬需要在天上玩耍。最后定义一个 Person 类，并且封装一个"和狗玩耍"的方法——game_with_dog(self,dog)，在该方法中，直接让 dog 调用 game() 方法。类关系图如图 8-9 所示。

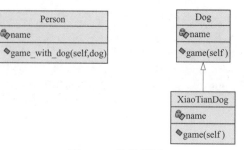

图 8-9　类关系图

编码实现以上需求，代码如下：

```python
class Dog(object):
    def __init__(self, name):
        self.name = name
    def game(self):
        print("%s 蹦蹦跳跳地玩耍..." % self.name)
class XiaoTianDog(Dog):
    def game(self):
        print("%s 飞到天上去玩耍..." % self.name)
class Person(object):
    def __init__(self, name):
        self.name = name
    def game_with_dog(self, dog):
        print("%s 和 %s 快乐地玩耍..." % (self.name, dog.name))
        # 让狗玩耍
        dog.game()
# 1. 创建一个狗对象
# wangcai = Dog("旺财")
wangcai = XiaoTianDog("飞天狗")
# 2. 创建一个 Person 对象
peipei = Person("佩佩")
# 3. 让佩佩调用和狗玩的方法
peipei.game_with_dog(wangcai)
```

程序运行结果如下：

```
佩佩 和 飞天狗 快乐地玩耍...
飞天狗 飞到天上去玩耍...
```

如果需求发生变化，现在 Dog 类要新增一个子类 Hashiqi，要求 Person 的对象既可以和 XiaoTianDog 玩耍又可以和 Hashiqi 玩耍，那么只需要在 Hashiqi 中重写 game() 方法，在 Person 的 game_with_dog() 方法中传入 Hashiqi 对象即可，其他代码保持不变。程序可以改写为如下代码：

```
class Dog(object):
    def __init__(self, name):
        self.name = name
    def game(self):
        print("%s 蹦蹦跳跳地玩耍..." % self.name)
class XiaoTianDog(Dog):
    def game(self):
        print("%s 飞到天上去玩耍..." % self.name)
class Hashiqi(Dog):
    def game(self):
        print("%s 抱着球球玩耍..."%self.name)
class Person(object):
    def __init__(self, name):
        self.name = name
    def game_with_dog(self, dog):
        print("%s 和 %s 快乐地玩耍..." % (self.name, dog.name))
        # 让狗玩耍
        dog.game()
# 1. 创建一个狗对象
# wangcai = Dog("旺财")
wangcai = Hashiqi("哈士奇狗")
# 2. 创建一个 Person 对象
peipei = Person("佩佩")
# 3. 让佩佩调用和狗玩的方法
peipei.game_with_dog(wangcai)
```

程序运行结果如下：

```
佩佩 和 哈士奇狗 快乐地玩耍...
哈士奇狗 抱着球球玩耍...
```

从中可以发现，新增一个 Dog 的子类，不必对 Person 的 game_with_dog() 方法进行任何修改，实际上，任何以 Dog 作为参数的函数或方法都可以不加修改地正常运行，就是因为多态。

多态的好处显而易见，当方法需要接收 Dog 的子类对象时，只需要将形参定义为 Dog 类型即可，因为所有的子类对象都可以被父类变量接收。针对例 8-15，对于一个变量，只需要知道它是 Dog 类型，无须确切地知道它的子类型，就可以放心调用 game() 方法，而具体调用的 game() 方法是作用在 Dog、XiaoTianDog 还是 Hashiqi 对象上，由运行时该对象的确切类型决定，这就是多态的真正作用：调用方只管方法调用，不管细节，而当增加一种新的子类类型时，只要进行方法重写即可，不用管原来的代码是如何调用的，这就是著名的

"开闭"原则：

①对扩展开放：允许新增 Dog 子类。

②对修改封闭：不需要修改 Dog 类型的 game_with_dog() 等方法。

小　　结

本章首先概括了面向对象程序设计的基本思想、主要特征以及与面向过程程序设计的区别，接着重点介绍 Python 是如何实现面向对象程序设计思想的，主要包括类和对象的定义及使用、类成员和实例成员的用法、私有属性和私有方法、继承以及多态的具体实现等详细内容。通过本章的学习，读者能够使用面向对象的程序设计思想开发出比较大型的程序。

习　　题

1.面向对象程序设计思想的三个主要特征是什么？

2.Python 中如何声明类和对象？

3.定义"学校成员"、"老师"、"学生"三个类，其中"老师"、"学生"两个类由"学校成员"继承而来。

4.编写一个学生类，要求有一个计数器的属性，统计总共实例化了多少个学生。

5.编程实现如下需求：

（1）房子（House）有户型、总面积和家具名称列表（新房子没有任何的家具）。

（2）家具（HouseItem）有名字和占地面积，其中：

席梦思（bed）占地 4 m^2；

衣柜（chest）占地 2 m^2；

餐桌（table）占地 1.5 m^2。

（3）将以上三件家具添加到房子中。

（4）打印房子时，要求输出：户型、总面积、剩余面积、家具名称列表。

第 9 章

异 常

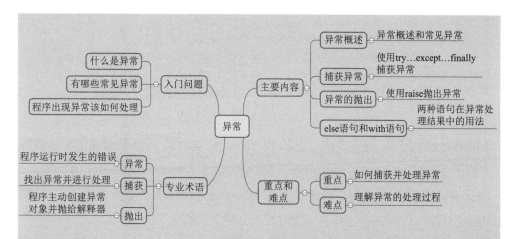

异常是指程序运行时引发的错误，引发错误的原因有很多种，比如除数为 0、下标越界、文件不存在、网络异常、类型错误、名字错误、磁盘空间不足等。在进行程序设计时，错误的产生是不可避免的，如何处理错误？把错误交给谁去处理？程序如何从错误中恢复？这是任何程序设计语言都要解决的问题。本章将介绍 Python 中异常的概念、异常处理机制等内容。

9.1 异常概述

程序在运行时，如果 Python 解释器遇到一个错误，会停止程序的执行，并提示一些错误信息，这就是异常。既然程序总会出问题，就应该学会用适当的方法去解决。程序出现逻辑错误或者用户输入不合法都会引发异常，但这些异常并不是致命的，不会导致程序崩溃。可以利用 Python 提供的异常处理机制，在异常出现的时候及时捕获，并做出相应的处理。

异常概述

什么是异常呢？下面通过几个示例感受一下。

```
>>> x,y = 3,0
>>> a = x/y
Traceback (most recent call last):
  File "<pyshell#1>", line 1, in <module>
    a = x/y
ZeroDivisionError: division by zero
>>> 8+num*5
Traceback (most recent call last):
  File "<pyshell#2>", line 1, in <module>
    8+num*5
NameError: name 'num' is not defined
>>> fn = input("please input a file name:")
please input a file name:hello.txt
>>> f = open(fn,'r')
Traceback (most recent call last):
  File "<pyshell#4>", line 1, in <module>
    f = open(fn,'r')
FileNotFoundError: [Errno 2] No such file or directory: 'hello.txt'
```

在之前编写的程序中，肯定出现过很多类似的信息，这就是 Python 异常的标准表现形式。上面几个例子中出现了 ZeroDivisionError、NameError、FileNotFoundError 等名字，这些都属于 Python 中内置的异常类型。除此以外，Python 还可能抛出哪些异常类型呢？接下来给大家简单做个总结，今后遇到这样的异常时就不会感觉到陌生了。

1. AssertionError：断言语句失败

当 assert 这个关键字后边的条件为假的时候，程序将停止并抛出 AssertionError 异常。assert 语句一般是在测试程序的时候用于在代码中置入检查点：

```
>>> family = [' 佩佩 ']
>>> assert  len(family)>0
>>> family.pop()
' 佩佩 '
>>> assert  len(family)>0
Traceback (most recent call last):
  File "<input>", line 1, in <module>
AssertionError
```

2. AttributeError：尝试访问未知的对象属性

```
>>> family = []
>>> family.name
Traceback (most recent call last):
  File "<input>", line 1, in <module>
AttributeError: 'list' object has no attribute 'name'
```

3. IndexError：索引超出序列的范围

```
>>> list = [1,2,3]
>>> list[3]
Traceback (most recent call last):
  File "<input>", line 1, in <module>
IndexError: list index out of range
```

4. KeyError：字典中查找一个不存在的关键字

当试图在字典中查找一个不存在的关键字时就会引发 KeyError 异常，因此建议使用 dict.
get() 方法。

```
>>> dict = {"one":1,"two":2,"three":3}
>>> dict["one"]
1
>>> dict["four"]
Traceback (most recent call last):
  File "<input>", line 1, in <module>
KeyError: 'four'
```

5. OSError：操作系统产生的异常

OSError 顾名思义就是操作系统产生的异常，像打开一个不存在的文件会引发
FileNotFoundError，而这个异常就是 OSError 的子类，例子上面已经演示过，在此不再重复。

6. NameError：尝试访问一个不存在的变量

当尝试访问一个不存在的变量时，Python 会抛出此异常，上面已经有例子说明了，在此
不再演示。

7. SyntaxError：Python 的语法错误

如果遇到 SyntaxError，是提示 Python 的语法错误，这时 Python 的代码并不能继续执行，
应该找到错误并改正。

```
>>> print "I love python"
  File "<input>", line 1
    print "I love python"
                        ^
SyntaxError: invalid syntax
```

8. TypeError：不同类型间的无效操作

有些不同类型是不能相互进行计算的，否则会抛出此类异常。

```
>>> 5+"20"
Traceback (most recent call last):
  File "<input>", line 1, in <module>
TypeError: unsupported operand type(s) for +: 'int' and 'str'
```

9. ZeroDivisionError：除数为零异常

除数不能为零，所以除零就会引发该类异常，上面已经举过例子，在此不再重复说明。

以上是比较常见的异常类型，Python 提供的异常种类不止这些，表 9-1 列出了 Python 中所有的标准异常类，读者在编程过程中遇到可以查阅相关资料进行学习，这里不再一一列举。

表 9-1　Python 标准异常类

异 常 名 称	描　　述	异 常 名 称	描　　述
BaseException	所有异常类的直接或间接基类	NameError	未声明、未初始化对象
SystemException	程序请求退出时抛出的异常	UnboundLocalError	访问未初始化的本地变量
KeyboardException	用户中断执行时抛出	ReferenceError	弱引用试图访问已经被回收的对象
Exception	常规错误的直接或间接基类	RuntimeError	一般的运行时错误
StopIteration	迭代器没有更多的值	NotImplementedError	尚未实现的方法
GeneratorExit	生成器发生异常，通知退出	SyntaxError	Python 语法错误
StandardError	内建标准异常的基类	IndentationError	缩进错误
ArithmeticError	所有数值计算错误的基类	TabError	Tab 和空格混用
FloatingPointError	浮点运算错误	SystemError	一般的解释器系统错误
OverflowError	数值运算超出最大限制	TypeError	对类型无效的操作
ZeroDivisionError	除零导致的异常	ValueError	传入无效的参数
AssertError	断言语句失败	UnicodeError	Unicode 相关的错误
AttributeError	对象没有这个属性	UnicodeDecodeError	Unicode 解码时的错误
EOFError	到达 EOF 标记	UnicodeEncodeErr	Unicode 编码时的错误
EnvironmentError	操作系统错误的基类	UnicodeTranslateError	Unicode 转换时错误
IOError	输入 / 输出错误	Warning	警告的基类
OSError	操作系统错误	DeprecationWarning	被弃用的特征的警告
WindowsError	操作系统调用失败	FutureWarning	关于构造将来语义会改变的警告
ImportError	导入模块 / 对象失败	OverflowWarning	自动提升为长整型的警告
LookupError	索引、值不存在引发的异常	PendingDeprecationWaring	特性将会被废弃的警告
IndexError	序列中没有此索引	RuntimeWarning	可疑的运行时行为的警告
KeyError	映射中没有这个键	SyntaxWarning	可疑的语法警告
MemoryError	内存溢出错误	UserWarning	用户代码生成警告

9.2　捕获异常

程序抛出异常说明程序有问题，但问题并不致命，可捕获这些异常，并纠正这些错误，那么该如何捕获和处理异常呢？

9.2.1　简单的异常捕获

异常处理结构中最常见也最基本的是 try...except... 结构，其语法格式如下：

简单捕获异常

```
try:
    检测范围
except Exception[as reason]
    出现异常后的处理代码
```

其中，try 子句中的代码块包含可能出现异常的语句，而 except 子句用来捕获相应的异常，except 子句中的代码块用来处理异常。如果 try 中的代码块没有出现异常，则继续执行异常处理结构后面的代码；如果出现异常并且被 except 子句捕获，则执行 except 子句中的代码块；如果出现异常但没有被 except 捕获，则继续往外层抛出；如果所有层都没有捕获并处理该异常，则程序终止并将异常抛给用户。下面举例说明这一机制。

```
f = open("hello.txt")
print(f.read())
f.close()
```

以上代码在 "hello.txt" 不存在的时候，Python 就会抛出 FileNotFoundError 异常：

```
Traceback (most recent call last):
  File "<input>", line 1, in <module>
FileNotFoundError: [Errno 2] No such file or directory: 'hello.txt'
```

显然，这样的用户体验并不好，因此对上述代码修改如下：

```
try:
    f = open("hello.txt")
    print(f.read())
    f.close()
except OSError:
    print(' 文件打开的过程中出错了！ ')
文件打开的过程中出错了！
```

这里使用了简洁明了的方式来表述错误信息，用户体验就会好很多。但是从程序员的角度来看，导致 OSError 异常的原因有很多（例如 FileNotFoundError、PermissionError 等），可能会更在意错误的具体内容，可使用 as 把具体的错误信息给打印出来：

```
except OSError as reason:
    print(' 文件打开的过程中出错了！ \n 错误原因是：'+str(reason))
```

9.2.2　捕获多种类型的异常

在程序执行时，可能会遇到不同类型的异常，并且需要针对不同类型的异常，做出不同的响应，为了支持多个异常的捕获和处理，Python 提供了带多个 except 的异常处理结构。一旦某个 except 捕获了异常，后面剩余的 except 子句将不会再执行。语法结构如下：

```
try:
    检测范围
except Exception1:
    处理异常 1 的语句
except Exception2:
    处理异常 2 的语句
...
```

下面的代码演示了该结构的用法。

```
try:
    # 提示用户输入一个整数
    num = int(input("请输入一个整数："))
    # 使用 8 除以用户输入的整数并且输出
    result = 8/num
    print(result)
except ZeroDivisionError:
    print("除 0 错误 ")
except ValueError:
    print("请输入正确的整数 ")
```

在程序开发时，要预判断所有可能出现的错误，还是有一定难度的，如果希望程序无论出现什么错误，都不会因为 Python 解释器抛出异常而终止程序，则增加一个 except，语法如下：

```
except Exception as result:
    print("未知错误 %s" % result)
```

如下代码段所示：

```
try:
    # 提示用户输入一个整数
    num = int(input("输入一个整数："))
    # 使用 8 除以用户输入的整数并且输出
    result = 8 / num
    print(result)
except ValueError:
    print("请输入正确的整数 ")
except Exception as result:
    print("未知错误 %s" % result)


输入一个整数: >? 0
未知错误 division by zero
```

9.2.3 完整的异常捕获语句

在实际开发中，为了能够处理复杂的异常情况，完整的异常处理结构如下：

```
try:
    # 尝试执行的代码
    pass
```

```
except 错误类型 1:
    # 针对错误类型 1, 对应的代码处理
    pass
except 错误类型 2:
    # 针对错误类型 2, 对应的代码处理
    pass
except (错误类型 3, 错误类型 4):
    # 针对错误类型 3 和 4, 对应的代码处理
    pass
except Exception as result:
    # 打印错误信息
    print(result)
else:
    # 没有异常才会执行的代码
    pass
finally:
    # 无论是否有异常, 都会执行的代码
    print("无论是否有异常, 都会执行的代码")
```

其中 else 子句中的语句块是在没有任何异常时才会被执行的, finally 子句中的语句块无论是否发生异常都会被执行, 常用来做一些清理工作以释放 try 语句块占用的资源。

下面代码演示了完整异常处理结构的用法：

```
try:
    # 提示用户输入一个整数
    num = int(input("输入一个整数："))
    # 使用 8 除以用户输入的整数并且输出
    result = 8 / num
    print(result)
except ValueError:
    print("请输入正确的整数")
except Exception as result:
    print("未知错误 %s" % result)
else:
    print("尝试成功")
finally:
    print("无论是否出现错误都会执行的代码")
```

至此, Python 捕获并处理异常的结构已经基本介绍完毕, 在实际编程中, 根据问题需求选择合适的捕获异常结构进行异常处理即可。在此需要额外说明一下, 异常是可以传递的, 当函数或方法执行出现异常时, 会把异常传递给调用方。如果传递到主程序, 仍然没有处理, 程序将会终止执行。所以, 一般在程序开发中, 可以在主函数中增加异常捕获, 在主函数中调用其他函数, 只要出现异常, 都会传递到主函数的异常捕获中, 这样就不需要在代码中增加大量的异常捕获, 能够保证代码的整洁, 如下代码所示：

完整异常捕获

```
def demo1():
    return int(input("输入整数："))
def demo2():
    return demo1()
# 利用异常的传递性，在主程序捕获异常
try:
    print(demo2())
except Exception as result:
    print("未知错误 %s" % result)
```

9.3 异常抛出

有读者可能会问，我的代码能不能自己抛出一个异常呢？答案是可以的。在程序开发中，除了代码执行出错 Python 解释器会抛出异常之外，还可以根据应用程序特有的业务需求主动抛出异常。如图 9-1 所示例子，提示用户输入密码，如果长度小于 8，抛出异常。

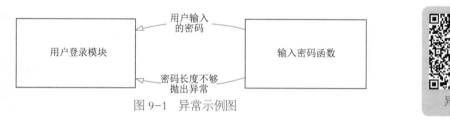

图 9-1　异常示例图

异常抛出

当前函数只负责提示用户输入密码，如果密码长度不够，需要其他函数进行相应处理，因此可以抛出异常，交由其他函数进行捕获。

如果希望抛出异常，可以先创建一个 Exception 对象或者其子类对象，然后使用 raise 关键字抛出异常对象。

【例】定义 input_password() 函数，提示用户输入密码，如果用户输入密码长度小于 8，抛出异常，否则返回输入的密码。

代码如下：

```
def input_password():
    # 1. 提示用户输入密码
    pwd = input("请输入密码：")
    # 2. 判断密码长度 >= 8，返回用户输入的密码
    if len(pwd) >= 8:
        return pwd
        # 3. 如果 < 8 主动抛出异常
        print("主动抛出异常")
        # 1> 创建异常对象 - 可以使用错误信息字符串作为参数
        ex = Exception("密码长度不够")
        # 2> 主动抛出异常
```

```
        raise ex

# 提示用户输入密码
try:
    print(input_password())
except Exception as result:
    print(result)
```

程序运行结果如下：

```
请输入密码: >? 123
主动抛出异常
密码长度不够
>>> 123456789
123456789
```

9.4　else 语句

在 Python 中，else 语句不仅能跟 if 语句搭配，构成"要么怎样，要么不怎样"的句式；还能和循环语句搭配，构成"干完了怎么样，干不完就别想怎么样"的句式；它还可以和异常处理进行搭配，构成"没问题就干吧"的句式。由于前面两种结构之前的章节已经介绍过，在此不再重复介绍，下面简单介绍第三种搭配。

else 语句和异常处理结构搭配，实现跟循环语句搭配差不多，只要 try 语句块中没有任何异常发生，那么就会执行 else 语句块中的内容，例如：

```
try:
    int('hello')
except ValueError as reason
    print('出错了: '+str(reason))
else:
    print('没有任何异常')
```

9.5　with 语句

对文件进行操作时，要异常关注异常处理，打开文件操作后一定要记得关闭文件，这让人觉得很烦，所以 Python 提供了一个 with 语句，利用这个语句可以抽象出文件操作中频繁使用的 try/except/finally 相关的细节。对文件操作使用 with 语句，将大大减少代码量，而且再也不用担心出现了打开文件忘记关闭的问题（with 会自动关闭文件），举例说明：

一般对文件进行操作的代码如下：

```
try:
    f = open('abc.txt','r')
    for each_line in f:
        print(each_line)
except OSError as reason:
    print('出错了: '+str(reason))
finally:
    f.close()
```

如果使用 with 语句，可以改写为如下代码：

```
try:
    with open('abc.txt','w') as f:
        for each_line in f:
            print(each_line)
except OSError as reason:
    print('出错了: ' + str(reason))
```

相比上一段代码，这段代码更加简洁。有了 with 语句，在对文件进行操作时，再也不用担心忘记关闭文件了。

小　结

本章主要介绍了异常的概念、Python 中如何捕获异常、异常的传递机制、抛出异常以及 else 和 with 搭配异常处理的用法。通过本章的学习，读者能够对程序中出现的各种异常进行妥善的处理，使得程序更加健壮。

习　题

1. 简述 Python 异常处理的机制。

2. Python 中如何捕获多种类型的异常？

3. 简述异常和错误的区别。

4. Python 中常见的异常类有哪些？

5. 如何自定义异常类？

第 ⑩ 章

Python 函数式编程

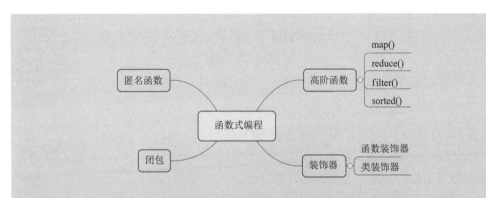

　　函数是 Python 内建支持的一种封装，通过把大段代码拆成函数，再经过一层一层的函数调用，就可以把复杂任务分解成简单的任务，这种分解称为面向过程的程序设计。函数就是面向过程的程序设计的基本单元。而函数式编程（Functional Programming），虽然也可以归结到面向过程的程序设计，但其思想更接近数学计算。这里的计算指的是数学意义上的计算，越是抽象的计算，离计算机硬件越远。函数式编程就是一种抽象程度很高的编程范式。

📦 10.1　函数式编程概述

　　计算机（Computer）和计算（Compute）是不同的。在计算机的层次上，CPU 执行的是加、减、乘、除的指令代码，以及各种条件判断和跳转指令。对应到编程语言，就是越低级的语言，越贴近计算机，其抽象程度低，执行效率高，比如汇编语言；而越高级的语言，越贴近计算，其抽象程度高，执行效率低，比如 Python 语言。允许使用变量的程序设计语言，由于函数内部的变量状态不确定，同样的输入，可能得到不同的输出，一般称这种函数是有副作用的。而纯粹的函数式编程语言编写的函数没有变量，因此，任意一个函数，只要输入是确定的，输出就是确定的，这种纯函数称之为没有副作用。

函数式编程的特点是：①把计算视为函数而非指令；②纯函数式编程是不需要变量的，没有副作用；③支持高阶函数。Python 语言支持函数式编程，但允许有变量，因此它不是纯函数式编程语言。Python 函数式编程的特点是：①有限度地支持匿名函数；②支持高阶函数；③支持闭包。下面将对这些看上去陌生的术语一一进行解释。

10.2 匿名函数

匿名函数是一种通过单个语句生成函数的方式，其结果是返回值。匿名函数使用 lambda 关键字定义，该关键字表达了"声明一个匿名函数"的意思。例如：

匿名函数、高阶函数

```
def fun(x):
    return x**2
print(fun(5))
# 输出结果:
25
```

如果以匿名函数的方式，上面的代码等价于：

```
fun = lambda x:x**2
print(fun(5))
# 输出结果:
25
```

可以发现，匿名函数的代码量小，而且因为函数没有名字，所以不用担心函数名冲突。

lambda 函数的语法如下：

```
lambda [arg1[,arg2,.....argn]]:expression
```

其中，arg1,arg2,.....argn 代表参数，expression 为表达式。lambda 函数可以接收 0 到多个参数，而且不需要 return 语句，表达式的结果就是返回值。

```
infors= [{"name":"wang","age":18},{"name":"xiaoming","age":20},
{"name":"lili","age":17}]
infors.sort(key=lambda x:x['age']) # 根据age对字典排序
print(infors)
# 输出结果:
[{'name': 'lili', 'age': 17}, {'name': 'wang', 'age': 18},
{'name': 'xiaoming', 'age': 20}]
```

匿名函数可以直接作为返回值，例如：

```
def fun(n):
    return lambda x:x**n
f=fun(2)# 相当于 x**2
```

```
print(f(3))
# 输出结果:
9
```

匿名函数可以当作参数进行传值，例如：

```
def f(a,b,fun):
    return fun(a,b)
print(f(1,2,lambda x,y:x+y))
# 输出结果:
3
```

10.3 高阶函数

高阶函数指的是可以将函数作参数的函数。例如：

```
>>> abs(-1)        #abs 是去绝对值的函数
# 输出结果:
1
>>> f=abs          #f 指向 abs
>>> f(-1)          #f 具备了取绝对值的功能
# 输出结果:
1
```

这说明变量可以指向一个函数，而且当变量指向函数后，调用变量和调用函数是一样的
效果。例如：

```
>>> abs=print      #abs 指向 print 函数
>>> abs(-10)       #abs 执行 print 函数的功能，而不再执行取绝对值的功能
# 输出结果:
-10
```

当 abs 指向 print 函数后，它就不再代表求绝对值的函数。可以看出，函数名和普通的
变量并没有太大区别，它其实就是指向函数的变量。也就是说，变量可以指向函数，函数的
参数可以接收变量，因此一个函数可以接收另一个函数为参数，而高阶函数就是可以用函数
作参数的函数。例如：

```
#test.py
def add(a,b,f):
    return f(a)+f(b)
print(add(2,-4,abs))    # 输出结果: 6
```

add 函数接收三个变量，a 和 b 是普通参数，而 f 是函数作为参数。

Python 提供的最常用的内置高阶函数有 map()、reduce()、filter() 和 sorted()。

1. map() 函数

map() 函数是 Python 内置的高阶函数，它接收一个函数 f 和一个 list 作为参数，并通过

把函数 f 依次作用在 list 的每个元素上，得到一个新的 list 并返回。

```
def f(a):
    return a*a
print(map(f, [1, 2, 3, 4, 5, 6]))
# 输出结果:
<map object at 0x015FF810>
print(list(map(f, [1, 2, 3, 4, 5, 6])))
# 输出结果:
[1, 4, 9, 10, 25, 36]
```

注意：map() 函数不改变原有的 list，而是返回一个新的 list。利用 map() 函数，可以把一个 list 通过传入的函数操作转换为另一个 list。由于 list 包含的元素可以是任何类型，因此，map() 不仅可以处理只包含数值的 list，事实上它可以处理包含任意类型元素的 list，只要传入的函数 f 可以处理这种数据类型。值得注意的是，Python 3 中 map() 函数的返回值不是一个 list，而是一个 map 对象，可以在前面加上 list() 将 map 对象转换成 list 进行输出。

接收的函数可以用匿名函数实现，例如：

```
>>> map(lambda x: x * x, [1, 2, 3, 4, 5, 6, 7, 8, 9])
输出结果:
[1, 4, 9, 16, 25, 36, 49, 64, 81]
```

2. reduce()

reduce() 函数也是 Python 内置的一个高阶函数。它和 map() 函数类似，接收一个函数 f 和一个 list 作为参数。但 reduce() 函数的行为和 map() 函数不同，reduce() 传入的函数 f 必须同时接收两个参数，reduce() 对 list 的每两个相邻元素反复调用函数 f，并返回最终结果值。需要注意的是在 Python 3 中，reduce() 函数已经被从全局名字空间里移除了，它现在被放置在 functools 模块里，如果想要使用它，则需要通过引入 functools 模块来调用 reduce() 函数。例如：

```
from functools import reduce
def f(a,b):
    return a+b
print(reduce(f,[0,1,2,3,4]))
# 输出结果为:
10
```

调用 reduce(f, [0,1,2,3,4]) 时，reduce 函数将做如下计算：

①先计算头两个元素：f(0, 1)，结果为 1；

②再把结果和第 3 个元素计算：f(1, 2)，结果为 3；

③再把结果和第 4 个元素计算：f(3, 3)，结果为 6；

④再把结果和第 5 个元素计算：f(6, 4)，结果为 10。

由于没有更多的元素了，计算结束，返回结果 10。

上述计算实际上是对 list 的所有元素求和。虽然 Python 内置了求和函数 sum()，但是利用 reduce() 求和也很简单。

另外，reduce() 还可以接收第 3 个可选参数，作为计算的初始值。如果把初始值设为 100，计算如下：

```
print(reduce(f,[0,1,2,3,4], 100))
# 输出结果为：
110
```

3. filter() 函数

filter() 函数接收一个函数 f 和一个 list，这个函数 f 的作用是对每个元素进行判断，返回 True 或 False，filter() 根据判断结果自动过滤掉不符合条件的元素，返回由符合条件元素组成的新 list。

```
def is_odd(x):   # 判断是否是奇数
    return x % 2 == 1
print(list(filter(is_odd, [1, 2, 3, 6, 9, 12, 18])))# 利用 filter() 过滤偶数
# 输出结果：
[1, 3, 9]
```

注意：在 Python 3 中 filter() 输出的是一个对象，需要利用 list 进行强制转换输出结果。

4. sorted() 函数

sorted() 函数对所有可迭代的对象进行排序操作，并返回一个新的 list。sorted() 函数的语法如下：

```
sorted(iterable, key=None, reverse=False)
```

其中，iterable 是可迭代对象，key 代表用来进行比较的元素，指定可迭代对象中的一个元素来进行排序，reverse 是排序规则。reverse = True 代表降序，reverse = False 代表升序（默认）。

```
>>> a = [5,7,3,6,4,1,2]
>>> b = sorted(a)   # 对列表 a 进行排序，按照默认的升序输出
>>> a   # 原列表不变
输出结果: [5, 7, 6, 3, 4, 1, 2]
>>> b   # 原列表不变
输出结果: [1, 2, 3, 4, 5, 6, 7]
>>>L=[('a', 2) , ('b', 3),('c', 1), ('d', 4)]
>>> sorted(L, key=lambda x:x[1])   # 利用匿名函数对 key 进行传参
输出结果:
[('c', 1), ('a', 2), ('b', 3), ('d', 4)]
```

对字典进行操作：

```
>>> d = {'lily':21, 'wang':22, 'John':25, 'Mary':19}
>>> sorted(d.items(), key=lambda x: x[1], reverse=True)
```

输出结果:
```
[('John', 25), ('wang', 22), ('lily', 21), ('Mary', 19)]
>>> sorted(d.values(), key=lambda x:x, reverse=False)
输出结果:
[19, 21, 22, 25]
```

10.4 闭 包

通过前面的学习,可以知道程序运行时变量的作用域,也就是可被访问的范围,定义在函数内的变量是局部变量,它的作用范围只能是函数内部,不能在函数外引用。而定义在模块最外层的变量是全局变量,它是全局可见的,当然在函数里面也可以访问全局变量。

Python 允许在一个函数的内部定义另一个函数,这种定义在函数里面的函数称之为嵌套函数(nested function),外部的函数称为外函数,内部的函数称为内函数。函数内部定义的函数和外部定义的函数是一样的,只是它们无法被外部访问:

```
def outer(a):
    b = 10
    def inner():        # inner 是内函数
        print(a+b)      # 在内函数中调用了外函数的变量 b
outer(2)
```

执行 outer() 函数时,并没有调用 inner() 函数,所以没有任何输出结果。如果显示调用了 inner() 函数,例如:

```
def outer(a):
    b = 10
    def inner():        # inner 是内函数
        print(a+b)      # 在内函数中调用了外函数的变量 b
    inner() # 调用 inner() 函数
outer(2)
# 输出结果为:
12
```

需要注意的是 inner() 函数的调用必须在其定义以后,否则会报错。根据高阶函数的定义,函数的返回值可以是一个函数,那么程序可以写成:

```
def outer(a):
    b = 10
    def inner():        # inner 是内函数
        print(a+b)      # 在内函数中用到了外函数的变量 b
    return inner        # 外函数的返回值是内函数的引用
output=outer(2)
output()
# 输出结果为:
12
```

这段代码和前面例子的效果完全一样，同样输出 12。不同之处在于内部函数 inner() 直接作为返回值返回了。一般情况下，函数中的局部变量仅在函数的执行期间可用，一旦 print(a+b) 执行过后，会认为 b 变量不再可用。然而，在此发现 print(a+b) 执行完之后，在调用 output 的时候 b 变量的值正常输出了，这就是闭包的作用，闭包使得局部变量在函数外被访问成为可能。

这里的 output 就是一个闭包，闭包本质上是一个函数，它由两部分组成：inner() 函数和变量 b。闭包使得这些变量的值始终保存在内存中。闭包，顾名思义，就是一个封闭的包裹，里面包裹着自由变量，就像在类里面定义的属性值一样，自由变量的可见范围随同包裹一起，哪里可以访问到这个包裹，哪里就可以访问到这个自由变量。在实际应用中，有一些地方需要注意。例如在上述代码中添加一条语句，修改如下：

```
def outer(a):
    b = 10
    def inner():
        b=b+1          #添加了一条语句
        print(a+b)
    return inner
output=outer(2)
output()
 输出结果：
Traceback (most recent call last):
  File "test.py", line 19, in <module>
    output()
  File "test.py", line 15, in inner
    b=b+1
UnboundLocalError: local variable 'b' referenced before assignment
```

程序报错了，错误原因是在赋值前引用了变量 b。这是因为闭包中定义的自由变量 b 被赋值为 10，这是不可变量，只能读取不能更新。而函数 inner() 中 b=b+1 其实是重新绑定，会隐式创建一个局部变量 b，也就意味着这个时候 b 不再是之前那个自由变量，也就不会保存在闭包里。

为了解决这个问题，Python 3 引入了 nonlocal 声明，作用是将变量标记为自由变量，也就意味着可对做了 nonlocal 声明的变量进行修改。上面的程序修改如下：

```
def outer(a):
    b = 10
    def inner():
        nonlocal b #将外部变量标记为自由变量
        b=b+1
        print(a+b)
    return inner
output=outer(2)
```

```
output()
# 输出结果为:
13
```

🎁 10.5 装饰器

Python 装饰器的本质是闭包, 它的功能是可以让函数在不需要做任何
代码变动的情况下增加额外的功能。装饰器被广泛应用于有切面需求的场景,
如插入日志、性能测试、权限校验等。虽然装饰器涉及的语法稍微复杂一些,
但非常实用。假如定义了一个函数 fun():

函数装饰器

```
def fun():
    print('I love python')
```

函数已具备自身的功能, 如果想再添一个功能, 比如, 在函数 fun() 运行的时候可以打
印输出 "fun is running" 这样的函数执行的日志。根据之前的学习, 可以对代码修改如下:

```
def fun():
    print('I love python')
    logging("fun is running")
def logging(s):
    print(s)
fun()
```

如果需要给多个函数添加执行日志, 就需要在每个函数的代码里添加 logging(), 并传递
参数给它, 这样会有大量的重复代码。那么利用前面学习的闭包的知识, 可以修改如下:

```
def fun():
    print('I love python')
def logging(f):
    print("%s is running" % f.__name__)
    fun()
logging(fun)
```

这样的代码是比之前的好一些, 但是在使用函数时, 需要用函数 logging() 而非 fun(),
而且需要将函数 fun() 当作参数传递给它。在使用的时候需要修改每一处调用 fun() 的地方,
非常不便利, 可使用装饰器来方便地实现。

1. 函数装饰器

可以使用装饰器来实现不改变原本函数的使用的前提下增加新的功能。

（1）简单的函数装饰器

简单的函数装饰器的实现代码如下:

```
def use_logging(f):                    # 实现了装饰器的功能
    def wrapper(*args,**kwargs):
```

```
        logging(f)
        return f(*args,**kwargs)      # 函数被包裹在装饰器内
    return wrapper

def logging(f):
    print("%s is running" % f.__name__)

def fun():
    print('I love python')

fun=use_logging(fun)          # 通过函数的重命名，将 fun 函数进行了改写
fun()                         # 调用函数的方式不变
```

这里 use_logging 就实现了一个简单的装饰器，它把真正执行业务方法的 fun() 包裹在里面。装饰器对 fun() 函数本身并没有做任何的修改，把它当作参数读入，添加功能后返回。Wrapper 接收 fun() 的参数，并返回 fun() 函数。因为 fun() 可能有一个或多个参数，所以使用了可变参数。如果业务函数含有参数会更加清楚，代码如下：

```
def use_logging(f):
    def wrapper(*args,**kwargs):
        logging(f)
        return f(*args,**kwargs)
    return wrapper
def logging(f):
    print("%s is running" % f.__name__)
def dun(x,y):
    print(x+y)
dun=use_logging(dun)
dun(2,3)
# 输出结果：
dun is running
5
```

为了方便使用，引入了语法糖 @ 的表示方式。语法糖是指那些没有给计算机语言添加新功能，而只是对人们来说更"甜蜜"的语法。语法糖往往给程序员提供了更实用的编码方式，使程序更易读。比如：在 C 语言里用 a[i] 表示 (a+i)，用 a[i][j] 表示 (*(a+i)+j)。它可以给编程带来方便，是一种便捷的写法，编译器会做转换；而且可以提高开发编码的效率，在性能上也不会带来损失。

这里在定义函数的时候使用语法糖 @，可避免再一次赋值操作。具体使用方式如下：

```
def use_logging(f):
    def wrapper(*args,**kwargs):
        logging(f)
        return f(*args,**kwargs)
    return wrapper
```

```
def logging(f):
    print("%s is running" % f.__name__)
@use_logging                 # 等价于 dun=use_logging(dun)
def dun(x,y):
    print(x+y)
@use_logging                 # 等价于 fun=use_logging(fun)
def fun():
    print('I love python')
dun(2,3)
fun()
# 输出结果：
dun is running
5
fun is running
I love python
```

用这种方式，可以继续调用装饰器来修饰函数，而不用重复修改函数或者增加新的封装。可以看出，程序的可复用性和可读性都得到了提高。

（2）含参的函数装饰器

装饰器在使用时还可以带有参数，为其使用提供了更大的灵活性。装饰器使用参数时需要函数的多层嵌套，比如在上面的代码中传递一个判别条件的参数：

```
def use_logging(condition):
    def decorator(f):
        def wrapper(*args,**kwargs):
            if condition=='y':
                logging(f)
            return f(*args,**kwargs)
        return wrapper
    return decorator

def logging(f):
    print("%s is running" % f.__name__)
@use_logging('y')
def dun(x,y):
    print(x+y)
@use_logging('n')
def fun():
    print('I love python')
dun(2,3)
fun()
# 输出结果：
dun is running
5
I love python
```

带有参数的装饰器实际上是对原有装饰器的一个函数封装，并返回一个装饰器，相当于含有参数的闭包。当使用 @use_logging('y') 调用时，Python 编译器能够发现这一层封装，并把参数传递到装饰器的环境中。

2. 类装饰器

（1）简单类装饰器

具有实现灵活、高内聚和封装的优点。使用类装饰器实现的代码如下：

```
class Fun():
    def __init__(self,fun):
        self.fun=fun
    def __call__(self,*args,**kwargs):
        print('function {fun}() is running'.format(fun=self.fun.__name__))
        return self.fun(*args,**kwargs)
@Fun
def dun():
    print('dun is running')
dun()
# 输出结果：
function dun() is running
dun is running
```

实现类装饰器的时候，必须实现 __init__() 和 __call__() 两个内置函数。__init__() 用来接收被装饰的函数，__call__() 用来实现装饰逻辑。当用 @ 形式将装饰器附加到函数上时，会自动调用 __call__() 方法。

（2）含参的类装饰器

类装饰器也可以传入参数。含参的类装饰器的实现代码如下：

```
class Fun():
    def __init__(self,condition):          # 接收装饰器参数
        self.condition=condition
    def __call__(self,fun):                # 接收被装饰的函数
        def wrapper(*args,**kwargs):       # 接收被装饰的函数参数
            if self.condition=='y':
                print('function {}() is running'.format(fun.__name__))
            fun(*args,**kwargs)
        return wrapper
@Fun('y')
def dun():
    print('dun is running')
dun()
# 输出结果：
function dun() is running
dun is running
```

含参的类装饰器和无参的类装饰器区别较大，虽然仍需要实现 __init__() 和 __call__() 两个内置函数。但在含参的类装饰器中，__init__() 不再用来接收被装饰的函数，而是接收

传入的参数，__call__() 用来接收被装饰函数，同时实现装饰逻辑。

如果在上面的代码最后再加入一行代码，输出 dun 的名字，会输出什么结果呢？

```
print(dun.__name__)
# 输出结果：wrapper
```

原因在于，dun 等价于 wrapper(dun)，所以在输出名字的时候输出的是 wrapper。这说明装饰器并没有完全与被装饰的函数等价，这与我们的初衷是相违背的。为了解决这个问题，Python 提供了装饰器 functools.wraps。

functools.wraps 是 Python 在 functools 标准库中自带的装饰器，其作用是将被修饰的函数的一些属性值赋值给修饰器函数，使得装饰后的函数和原本的函数尽可能地看上去是一致的。functools.wraps 可以与函数装饰器一起使用，也可以和类装饰器一起使用。与类装饰器一起使用的完整代码如下：

```
from functools import wraps
class Fun():
    def __init__(self,condition):          # 接收装饰器参数
        self.condition=condition
    def __call__(self,fun):                # 接收被装饰的函数
        @wraps(fun)
        def wrapper(*args,**kwargs):       # 接收被装饰的函数参数
            if self.condition=='y':
                print('function {}() is running'.format(fun.__name__))
            fun(*args,**kwargs)
        return wrapper
@Fun('y')
def dun():
    print('dun is running')
dun()
print(dun.__name__)
# 输出结果：
function dun() is running
dun is running
dun
```

Python 本身还有一些内建的装饰器，如 property，通常存在于类中，用来将一个函数定义成一个属性，实现类的封装。比如在定义类并给类绑定对象时，实现代码如下：

```
class Student():
    def __init__(self,name,age):
        self.name=name
        self.age=age
wang = Student('wang',18)
wang.age=20                    # 修改属性
```

在实际的应用中，以上代码的实用性不高。原因在于并未对属性值做合法性限制，可以

修改代码如下：

```
class Student():
    def __init__(self,name,age):
        self.name=name
        self.age=age
    def set_age(self, age):
        if not isinstance(age, int):
            raise ValueError(' 输入不合法：年龄必须为整数！')
        if not 0 < age < 100:
            raise ValueError(' 输入不合法：年龄范围必须 0-100')
        self._age=age
    def get_age(self):
        return self._age
wang = Student('wang',18)
wang.set_age(20)                    # 修改属性
wang.get_age()                      # 查询属性
```

这样虽然实现了对属性的合法性限制，但属性的调用方式发生了改变，此时可以采用装饰器来实现，代码如下：

```
class Student(object):
    def __init__(self, name,age):
        self.name = name
        self.name = age
    @property
    def age(self):
        return self._age
    @age.setter
    def age(self, value):
        if not isinstance(value, int):
            raise ValueError(' 输入不合法：年龄必须为整数！')
        if not 0 < value < 100:
            raise ValueError(' 输入不合法：年龄范围必须 0-100')
        self._age=value
wang = Student('wang',18)
wang.age=20
```

用 @property 装饰函数时, 会将函数定义成属性, 属性的值就是该函数返回的内容。同样, @age.setter 会将这个函数变成另外的装饰器。

🍱 小　　结

本章介绍了函数式编程的思想和实现方式，引入了匿名函数、高阶函数、闭包和装饰器的概念和使用方法，属于 Python 编程的进阶内容。装饰器可以使代码可读性更高，结构更加清晰，冗余度更低。

习　题

1. 什么是函数式编程？函数式编程和函数有关系吗？

2. 什么是高阶函数，什么是匿名函数，什么是闭包？

3. 装饰器的作用是什么？

4. 函数装饰器和类装饰器在使用上有什么不同？

5. map(lambda x: x**2, [1, 3, 5, 7, 8, 9]) 的输出结果是 _____。

6. 输入 L=[('a',1, 2) , ('b',2, 3),('c',3, 1), ('d',6, 4)]，请对其进行排序，使得其输出结果为 [('c', 3, 1), ('a', 1, 2), ('b', 2, 3), ('d', 6, 4)]，排序的语句为 _____。

7. 请定义一个函数完成 100 个随机数的求和计算，然后在不改变函数的基础上，添加一个装饰器，实现计时器的功能，输出函数执行的时间。

第 11 章

数据分析与可视化

　　数据可视化指借助于图形化手段，清晰有效地传达与沟通信息。将数据库中每一个数据项作为单个图元元素表示，大量的数据集构成数据图像，同时将数据的各个属性值以多维数据的形式表示，可以从不同的维度观察数据。在项目早期阶段，通常会进行探索性数据分析（EDA）以获取对数据的理解和洞察，尤其对于大型高维的数据集，数据可视化着实有助于使数据关系更清晰易懂。

　　数据可视化并非只是让专业人员看得懂的图表，漂亮地呈现数据，让数据可视化的过程更加生动有趣极其重要。数据科学家使用 Python 编写了一系列可视化和分析工具，最流行的工具之一是 Matplotlib，它是一个数学绘图库，可以利用它来制作图表，如线图、散点图等。在本书中，我们利用第三方 Python 库 numPy 和 pandas 组织和运算数据，采用 Matplotlib 的 pyplot 接口实现所有的可视化需求。

11.1　numpy 库的使用

11.1.1　numpy 库概述

　　numpy 是 Python 语言的一个扩展程序库，支持大量的维度数组与矩阵运算，此外也针对数组运算提供大量的数学函数库。numpy 最重要的一个特点是其 N 维数组对象（ndarray），它是一系列同类型数据的集合，数组元素用整数索引，序号从 0 开始。ndarray 中的每个元素在内存中使用相同的大小块，每个元素是数据类型对象的对象（称为 dtype）。

11.1.2　numpy 库安装

首先，需要对 numpy 库进行安装，可以根据不同的系统选择不同的版本在网页进行下载，也可以通过命令安装。

1. 在 Mac 系统中安装 numpy

在终端执行：

```
$ sudo pip install numpy
```

2. 在 Windows 系统中安装 numpy

在命令行执行：

```
$ pip install numpy
```

3. 在 Linux Ubuntu & Debian 系统中安装 numpy

在终端 terminal 执行：

```
$ sudo apt-get install python-numpy
```

11.1.3　numpy 库解析

1. numpy 创建数组

```
>>>a = np.array([1,2,3])
>>>print(a)
[1 2 3]
```

（1）指定数据 dtype

```
>>> a = np.array([1,2,3],dtype=np.int)
>>> print(a.dtype)
int32
>>> a = np.array([1,2,3],dtype=np.float)
>>> print(a.dtype)
float64
```

（2）创建特定数据，如 2 行 3 列

```
>>> a = np.array([[1,2,3],[1,2,3]])
>>> print(a)
[[1 2 3]
 [1 2 3]]
```

（3）创建全零数组，如 3 行 5 列

```
>>> a = np.zeros((3,5))
>>> print(a)
[[0. 0. 0. 0. 0.]
 [0. 0. 0. 0. 0.]
 [0. 0. 0. 0. 0.]]
```

（4）创建全一数组，同时指定这些特定数据的 dtype

```
>>> a = np.ones((3,5),dtype=np.float)
>>> print(a)
[[1. 1. 1. 1. 1.]
 [1. 1. 1. 1. 1.]
 [1. 1. 1. 1. 1.]]
```

（5）创建全空数组

```
>>> a = np.empty((3,5))
>>> print(a)
[[6.23042070e-307 1.42417221e-306 1.37961641e-306 6.23039354e-307
  6.23053954e-307]
 [9.34609790e-307 8.45593934e-307 9.34600963e-307 1.86921143e-306
  6.23061763e-307]
 [1.78021527e-306 6.23055651e-307 1.11261434e-306 9.34609790e-307
  2.56765117e-312]]
```

（6）用 arange 创建连续数组

```
>>> a = np.arange(1,10,2)
>>> print(a)
[1 3 5 7 9] 2. numpy 数组属性
```

①用 reshape 改变数据的形状：

```
>>> a = np.arange(12).reshape((2,6))
>>> print(a)
[[ 0  1  2  3  4  5]
 [ 6  7  8  9 10 11]]
```

②用 linspace 创建线段行型数据：

```
>>> a = np.linspace(1,10,5)
>>> print(a)
[ 1.    3.25  5.5   7.75 10.  ]
```

2. numpy 数组属性

numpy 的数组中比较重要的 ndarray 对象的常用属性如表 11-1 所示。

表 11-1　ndarray 类的常用属性

属　　性	说　　明
ndarray.ndim	秩，即数组轴的个数
ndarray.shape	数组的维度，矩阵是 n 行 m 列
ndarray.size	数组元素的总个数
ndarray.dtpye	数组元素的数据类型
ndarray.itemsize	数组元素中每个元素的大小，单位是字节
ndarray.flags	数组对象的内存信息
ndarray.data	包含实际数组元素的缓冲区地址

示例如下：

```
>>> a = np.arange(10)          # a 现在只有一个维度
>>> print(a.ndim)
1
>>> b = a.reshape(1,2,3)       #调整其大小
>>> print(b.ndim)
3

>>> a = np.array([[1,2,3],[4,5,6]])
>>> print(a.shape)
(2, 3)
>>> print(a.dtype)
int32
```

3. 切片和索引

ndarray 类的切片索引语法跟 Python 列表或者数组对象类似，如表 11-2 所示。

表 11-2　ndarray 类的切片和索引方法

方　　法	描　　述
x[i]	索引第 i 个元素
x[-i]	从后向前索引第 i 个元素
x[n:m]	从前往后索引，不包括 m，默认步长为 1
x[-m:-n]	从后往前索引，不包括 -n，默认步长为 1
x[n:m:i]	从 n 到 m 的索引，并设置步长为 i

示例如下：

```
>>> a = np.arange(5,20)
>>> print(a)
[ 5  6  7  8  9 10 11 12 13 14 15 16 17 18 19]
>>> print(a[4])
9
>>> print(a[-4])
16
>>> print(a[3:8])
[ 8  9 10 11 12]
>>> print(a[-5:-1])
[15 16 17 18]
>>> print(a[2:10:2])
[ 7  9 11 13]
```

4. numpy 基础运算

numpy 包含大量的数学运算函数、算术运算函数、统计函数等，如表 11-3 所示。

表 11-3 numpy 库的数学函数

方 法	描 述
np.add(a,b)	a,b 两个数组相加
np.subtract(a,b)	a,b 两个数组相减
np.multiply(a,b)	a,b 两个数组相乘
np.divide(a,b)	a,b 两个数组相除
np.reciprocal(a)	返回 a 每个元素的倒数，如 2/3 倒数为 3/2
np.power(c,b)	以 c 数组中的元素作为底数，计算它与 b 数组中相应元素的幂
np.mod(c,b)	计算数组中相应元素相除后的除数
np.amin(a,axis=0)	计算数组 a 中的元素沿 y 轴的最小值
np.amax(a,axis=1)	计算数组 a 中的元素沿 x 轴的最大值

示例如下：

```
>>> a = np.arange(9,dtype=np.float_).reshape(3,3)
>>> print(a)
[[0. 1. 2.]
 [3. 4. 5.]
 [6. 7. 8.]]
>>> b = np.array([2.0,2.0,2.0])
>>> print(b)
[2. 2. 2.]
>>> np.add(a,b)
array([[ 2.,  3.,  4.],
       [ 5.,  6.,  7.],
       [ 8.,  9., 10.]])
>>> np.subtract(a,b)
array([[-2., -1.,  0.],
       [ 1.,  2.,  3.],
       [ 4.,  5.,  6.]])
>>> np.multiply(a,b)
array([[ 0.,  2.,  4.],
       [ 6.,  8., 10.],
       [12., 14., 16.]])
>>> np.divide(a,b)
array([[0. , 0.5, 1. ],
       [1.5, 2. , 2.5],
       [3. , 3.5, 4. ]])
>>> np.reciprocal(a)
array([[       inf, 1.        , 0.5       ],
       [0.33333333, 0.25      , 0.2       ],
       [0.16666667, 0.14285714, 0.125     ]])
>>> c = np.array([2,3,4])
>>> np.power(c,b)
```

```
array([ 4.,  9., 16.])
>>> np.mod(c,b)
array([0., 1., 0.])
>>> np.amin(a,axis=0)
array([0., 1., 2.])
>>> np.amax(a,axis=1)
array([2., 5., 8.])
```

11.2 pandas 库的使用

11.2.1 pandas 库概述

pandas 是基于 numpy 的一种工具，该工具是为了解决数据分析任务而创建的。pandas 纳入了大量库和一些标准的数据模型，提供了高效地操作大型数据集所需的工具。pandas 提供了大量能快速便捷地处理数据的函数和方法。在 pandas 中有两类非常重要的数据结构，即序列（Series）和数据框（DataFrame）。Series 类似于 numpy 中的一维数组，除了利用一维数组可用的函数或方法，也可以通过索引标签的方式获取数据。DataFrame 是一个表格型的数据结构，它既有行索引也有列索引。它每一列可以是不同的数据类型的值，可以是字符串、数字、布尔型。构建 DataFrame 的方法，可以用字典 dict，但是 dict 里面的值不像 Series 里面一样每个 key 匹配一个单一的 value，它是每个 key 对应一个 list(列表), 而 key 也变为了 DataFrme 的列索引。

11.2.2 pandas 库安装

首先，需要对 pandas 库进行安装，可以根据不同的系统选择不同的版本在网页进行下载，也可以通过命令安装。

1. 在 Mac 系统中安装 pandas
在终端执行：

```
$ sudo pip install pandas
```

2. 在 Windows 系统中安装 pandas
在命令行执行：

```
$ pip install pandas
```

3. 在 Linux Ubuntu & Debian 系统中安装 pandas
在终端 terminal 执行：

```
$ sudo apt-get install python-pandas
```

11.2.3　pandas 库使用

在使用 pandas 库前需要先用 import 导入，重命名为 pd。

```
>>> import pandas as pd
```

Series 的创建：

```
>>> s = pd.Series([1,2,3,4])
>>> print(s)
0    1
1    2
2    3
3    4
```

Series 的字符串表现形式为：索引在左边，值在右边。由于没有为数据指定索引，于是会自动创建一个 0 到 N−1（N 为长度）的整数型索引。

DataFrame 的创建：

```
>>> df = pd.DataFrame(np.arange(12).reshape((3,4)))
>>> print(df)
   0  1   2   3
0  0  1   2   3
1  4  5   6   7
2  8  9  10  11
```

数据简单筛选：

```
# 创建数据
>>> dates = pd.date_range('20130101', periods=5)
df = pd.DataFrame(np.arange(20).reshape((5,4)),
index=dates, columns=['A','B','C','D'])
>>> print(df)
             A   B   C   D
2013-01-01   0   1   2   3
2013-01-02   4   5   6   7
2013-01-03   8   9  10  11
2013-01-04  12  13  14  15
2013-01-05  16  17  18  19
# 选择多行
>>> print(df[0:2])
            A  B  C  D
2013-01-01  0  1  2  3
2013-01-02  4  5  6  7
# 根据标签 loc 选择数据
>>> print(df.loc['2013-01-03'])
A     8
B     9
C    10
D    11
# 根据序列 iloc 选择数据，3 行 3 列
```

```
>>> print(df.iloc[3,3])
15
```

处理丢失数据:

```
# 数据（丢失两个数据）
            A     B      C     D
2013-01-01  0    NaN    2.0    3
2013-01-02  4    5.0    6.0    7
2013-01-03  8    9.0    10.0   11
2013-01-04  12   13.0   NaN    15
2013-01-05  16   17.0   18.0   19
# pd.dropna() 直接去掉 NAN 的行或列
>>> print(df.dropna(axis=0,how='any'))
            A     B      C     D
2013-01-02  4    5.0    6.0    7
2013-01-03  8    9.0    10.0   11
2013-01-05  16   17.0   18.0   19
# pd.fillna() 将 NaN 的值使用其他值代替，比如 0
>>> print(df.fillna(value=0))
            A     B      C     D
2013-01-01  0    0.0    2.0    3
2013-01-02  4    5.0    6.0    7
2013-01-03  8    9.0    10.0   11
2013-01-04  12   13.0   0.0    15
2013-01-05  16   17.0   18.0   19
# pd.isnull() 判断是否有缺失数据 NaN，为 True 表示缺失数据
>>> pd.isnull()
             A       B       C       D
2013-01-01  False   True    False   False
2013-01-02  False   False   False   False
2013-01-03  False   False   False   False
2013-01-04  False   False   True    False
2013-01-05  False   False   False   False
```

读取存储 csv 文件:

```
>>> df.to_csv('data.csv')                  # 存储
>>> df = pd.read_csv('data.csv')           # 读取
```

11.3 Matplotlib 库的使用

11.3.1 Matplotlib 库概述

Matplotlib 是 Python 中的一个 2D 绘图库，它可以在跨平台上输出很多高质量的图像。宗旨就是让简单的事变得更简单，让复杂的事变得可能。它可与 numpy 一起使用，提供了一种有效的 MATLAB 开源替代方案。它也可以和图形工具包一起使用，如 PyQt 和 wxPython。可以用 Matplotlib 生成绘图、直方图、功率谱、柱状图、误差图、散点图等。

11.3.2 Matplotlib 库安装

首先，需要对 Matplotlib 库进行安装，可以根据不同的系统选择不同的版本在网页进行下载，也可以通过命令安装。

1. 在 Mac 系统中安装 Matplotlib
在终端执行：

```
$ pip install matplotlib
```

2. 在 Windows 系统中安装 Matplotlib

在 Windows 系统中，首先要确保已经安装了 Visual Studio。接下来，需要下载 Matplotlib 安装程序。访问 https://pypi.python.org/pypi/matplotlib/，并查找与你 Python 版本匹配的 wheel 文件（扩展名为 .whl 的文件）。例如，如果使用的是 64 位的 Python 3.7，则需要下载 matplotlib–3.1.0–cp37–cp37m–win_amd64.whl。

用命令窗口找到 .whl 文件目录，再使用 pip 安装。

```
$ python -m pip install matplotlib-3.1.0-cp37-cp37m-win_amd64.whl
```

3. 在 Linux Ubuntu & Debian 系统中安装 Matplotlib
在终端 terminal 执行：

```
$ sudo apt-get install python-matplotlib
```

11.3.3 Matplotlib 库使用

下面通过示例来学习如何用 Matplotlib 绘制简单的图形。

使用 import 导入模块 matplotlib.pyplot，并简写成 plt，并且也导入 Numpy 模块：

```
>>> import matplotlib.pyplot as plt
>>> import numpy as np
>>> x = np.linspace(-1,1,100)        # 定义 x 的范围为 (-1,1)；个数是 100
>>> y1 = 3 * x + 1
>>> y2 = x * x + 1
>>> plt.figure()
```

线条属性设置，颜色属性（color）为红色；线条宽度（linewidth）为 1.0；线条类型（linestyle）为虚线。

```
>>> plt.plot(x,y,color='red',linewidth=1.0,linestyle='--')
```

设置坐标轴，使用 plt.xlim 设置 x 坐标轴；plt.ylim 设置 y 坐标轴；plt.xlabel 设置 x 坐标轴名称；plt.ylabel 设置 y 坐标轴名称；plt.title 设置标题。

```
>>> plt.xlim((-5,5))
>>> plt.ylim((-2,5))
>>> plt.xlabel('x values')
>>> plt.ylabel('y values')
>>> plt.title('Simple Line')
```

设置 Legend 图例。Legend 图例能展示出每个数据对应的图像名称。

```
>>> l1 = plt.plot(x, y1, label='linear line')
>>> l2 = plt.plot(x, y2, color='red', linewidth=1.0, linestyle='--',
 label='square line')
>>> plt.legend(loc = 'best')
```

添加注解和绘制点以及在图形上绘制线或点，使用 plt.scatter() 来绘制点，并使用 Matplotlib 中的 annotate 来写标注，其中参数 xycoords = 'data' 表示基于数据的值来选位置；xytext 描述标注位置；textcoords 设置注释文字偏移量，arrowprops 设置箭头，绘制效果如图 11-1 所示。

```
#定义(x0,y0)点
>>> x0 = 1
>>> y0 = 3 * x0 + 1
>>> plt.scatter(x0, y0, s = 50, color = 'blue')
>>> plt.annotate(r'$3 * x + 1 = %s$' % y0, xy = (x0, y0), xycoords = 'data',
    xytext = (+25, -25), textcoords = 'offset points', fontsize = 16,
    arrowprops = dict(arrowstyle='->',connectionstyle='arc3, rad=.2'))
>>> plt.show()
```

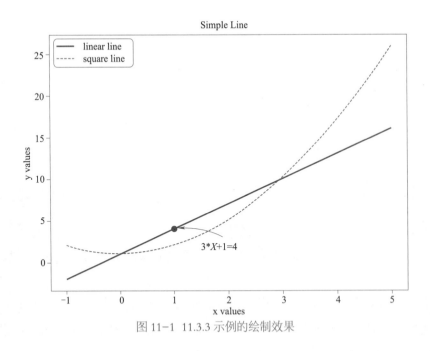

图 11-1 11.3.3 示例的绘制效果

📦 11.4 泰坦尼克号乘客生存分析

1912 年，当时世界上体积最庞大、内部设施最豪华的客运轮船，有"永不沉没"美誉的泰坦尼克号，在首次航行中撞冰山沉入大西洋底 3 700 米深处，事故造成 2 224 名乘客和机组人员中的 1 502 人死亡。大面积伤亡的原因之一是船上没有足够的救生艇供乘客和船员使用。尽管在沉船事故中幸存下来的人有一些运气成分，但有些人会比其他人具有更高的存活几率，比如妇女、儿童和上层阶级。接下来，本节会通过数据分析，用可视化图表的方式展示哪些特征会影响乘客的生存几率。

11.4.1　数 据 来 源

数据来自于著名的数据分析竞赛网站 Kaggle，该项目在 Kaggle 网站上涉及机器学习部分，因此，提供的数据集分为训练集（train.csv）和测试集（test.csv），共包含 1 309 名乘客的数据。数据下载地址：https://www.kaggle.com/c/titanic/data。本案例只对数据做可视化分析，不涉及机器学习方面，因此，仅使用包含存活状态属性的训练集进行数据分析。需要用到 pandas 和 numpy 工具来处理数据，Matplotlib 工具进行数据可视化。

11.4.2　导 入 数 据

导入数据分析工具库 numpy，pandas。

```
# 忽略警告提示
>>> import warnings
>>> warnings.filterwarnings('ignore')
# 导入数据分析工具库
>>> import numpy as np
>>> import pandas as pd
```

用 pandas 中的 read_csv() 方法读取格式为 CSV 的数据集。

```
# 读取训练集和测试集数据
>>> train_set = pd.read_csv(r'C:\train.csv')
>>> print('训练集: ', train_set.shape)
训练集: (891, 12)
```

从结果可以看出，使用 numpy 的 shape 方法可以查看训练集的形状，训练集有 891 条数据（行），12 个属性特征（列）。

11.4.3　查 看 数 据

下面使用 pandas 的 head() 方法查看默认的前 5 行数据详情，表 11-4 显示了 head() 方法的返回结果。

```
# 查看默认的前 5 行数据详情
>>> train_set.head()
```

表 11-4 train_set.head() 返回的前 5 行数据详情

PassengerId	Survived	Pclass	Name	Sex	Age	SibSp	Parch	Ticket	Fare	Cabin	Embarked
1	0	3	Braund...	male	22.0	1	0	A/5 21171	7.2500	NaN	S
2	1	1	Cumings...	female	38.0	1	0	PC 17599	71.2833	C85	C
3	1	3	Heikkinen...	female	26.0	0	0	STON/O2. 3101282	7.9250	NaN	S
4	1	1	Futrelle...	female	35.0	1	0	113803	53.1000	C123	S
5	0	3	Allen...	male	35.0	0	0	373450	8.0500	NaN	S

表 11-4 中数据字段的描述信息如表 11-5 所示。

表 11-5 数据字段描述

特 征	描 述
PassengerId	乘客编号
Survived	是否生存，也是我们分析的目标。1 表示生存，0 表示死亡
Pclass	船舱等级 分 1、2、3 等级，1 等级最高
Name	乘客姓名
Sex	性别
Age	年龄
SibSp	该乘客一起旅行的兄弟姐妹和配偶的数量（同代直系亲属人数）
Parch	与该乘客一起旅行的父母和孩子的数量（不同代直系亲属人数）
Ticket	船票号
Fare	船票价格
Cabin	船舱号
Embarked	登船港口：S= 英国南安普顿 Southampton（起航点）、C= 法国瑟堡市 Cherbourg（途经点）、Q= 爱尔兰昆士敦 Queenstown（途经点）

使用统计数据信息描述方法 describe() 查看数据集的统计摘要信息，该方法只统计数值型数据的信息，返回结果如表 11-6 所示。

```
# 查看统计摘要信息
>>> train_set.describe()
```

表 11-6 describe() 方法统计摘要信息

Type	PassengerId	Survived	Pclass	Age	SibSp	Parch	Fare
count	891.000000	891.000000	891.000000	714.000000	891.000000	891.000000	891.000000
mean	446.000000	0.383838	2.308642	29.699118	0.523008	0.381594	32.204208
std	257.353842	0.486592	0.836071	14.526497	1.102743	0.806057	49.693429
min	1.000000	0.000000	1.000000	0.420000	0.000000	0.000000	0.000000
25%	223.500000	0.000000	2.000000	20.125000	0.000000	0.000000	7.910400
50%	446.000000	0.000000	3.000000	28.000000	0.000000	0.000000	14.454200
75%	668.500000	1.000000	3.000000	38.000000	1.000000	0.000000	31.000000
max	891.000000	1.000000	3.000000	80.000000	8.000000	6.000000	512.329200

从统计摘要中可以看出，乘客的生存率大约在 38%，超越 50% 的乘客在 3 等级，乘客的平均年龄在 30 岁左右，普遍比较年轻。

查看数据是否有缺失值，以及数据的数据类型。

```
# 查看数据缺失值以及数据类型
>>> train_set.info()
<class 'pandas.core.frame.DataFrame'>
RangeIndex: 891 entries, 0 to 890
Data columns (total 12 columns):
PassengerId    891 non-null int64
Survived       891 non-null int64
Pclass         891 non-null int64
Name           891 non-null object
Sex            891 non-null object
Age            714 non-null float64
SibSp          891 non-null int64
Parch          891 non-null int64
Ticket         891 non-null object
Fare           891 non-null float64
Cabin          204 non-null object
Embarked       889 non-null object
dtypes: float64(2), int64(5), object(5)
memory usage: 66.2+ KB
```

属性年龄（Age）、船舱号（Cabin）、登船港口（Embarked）里面有缺失值，年龄（Age）数据缺失了 177，缺失率 19.9%；船舱号（Cabin）数据缺失了 687，缺失率 77.1%，缺失较大；登船港口（Embarked）数据只缺失了 2 条数据，缺失较少。

11.4.4　数据补全

处理年龄（Age）的缺失值，年龄（Age）是连续数据，这里用中位数填充缺失值，中位数不受极端变量值的影响。

```
>>> train_set['Age'] = \
        train_set['Age'].fillna(train_set['Age'].median())
```

船舱号（Cabin）缺失值较多，将其直接填充为 'U'。

```
>>> train_set['Cabin'] = train_set['Cabin'].fillna('U')
```

登船港口（Embarked）缺失 2 个值，将其填充为出现次数最多的值。

```
# 获取登船港口 Embarked 中各元素出现的次数
>>> from collections import Counter
>>> print(Counter(train_set['Embarked']))
Counter({'S': 644, 'C': 168, 'Q': 77, nan: 2})
# 登船港口（Embarked）缺失 2 个值，将其填充为出现次数最多的值
>>> train_set['Embarked'] = train_set['Embarked'].fillna('S')
```

11.4.5 数据编码

对于不同类型的数据编码方法不同，对于数值类型的数据可直接使用，对于日期数据需转换为单独的年、月、日，对于分类数据使用 one-hot 编码方法用数字代替类别。

1. 数值类型

乘客编号（PassengerId），年龄（Age），船票价格（Fare），同代直系亲属人数（SibSp），不同代直系亲属人数（Parch）

2. 分类数据

乘客性别（Sex）：男性 male，女性 female。将性别的值映射为数值，男（male）对应数值 1，女（female）对应数值 0。

```
# 把男（male）映射为数值 1，女（female）映射为数值 0
>>> sex_map_dict = {'male' : 1, 'female' : 0}
>>> train_set['Sex'] = train_set['Sex'].map(sex_map_dict)
```

登船港口（Embarked）：出发地点 S= 英国南安普顿 Southampton，途经地点 1：C= 法国瑟堡市 Cherbourg，途经地点 2：Q= 爱尔兰昆士敦 Queenstown。

使用 one-hot 编码，将这一列数据按类别分开，属于这一列则标为 1，否则 0，使得分类数据量化，这便于之后的分析。

```
# 存放 one-hot 编码后的登船港口 Embarked 数据
>>> embarked_df = pd.DataFrame()
# 使用 get_dummies 进行 one-hot 编码，产生虚拟列，列名前缀为 Embarked
>>> embarked_df = pd.get_dummies(train_set['Embarked'], prefix = 'Embk')
>>> embarked_df.head()
   Embk_C  Embk_Q  Embk_S
0     0       0       1
1     1       0       0
2     0       0       1
3     0       0       1
4     0       0       1
# 添加 one-hot 编码产生的虚拟列到 train_set 中
>>> train_set = pd.concat([train_set, embarked_df], axis = 1)
# 删除原来的 Embarked 列
>>> train_set.drop('Embarked', axis = 1, inplace = True)
```

同样，使用 get_dummies 对船舱等级（Pclass）进行 one-hot 编码：

```
# 使用 get_dummies 对船舱等级（Pclass）进行 one-hot 编码
>>> pclass_df = pd.DataFrame()
>>> pclass_df = pd.get_dummies(train_set['Pclass'], prefix = 'Pcls')
>>> pclass_df.head()
   Pcls_1  Pcls_2  Pcls_3
0     0       0       1
1     1       0       0
```

```
2          0          0          1
3          1          0          0
4          0          0          1
# 添加 one-hot 编码产生的虚拟列到 train_set 中
>>> train_set = pd.concat([train_set, pclass_df], axis = 1)
# 删除原来的 Pclass 列
>>> train_set.drop('Pclass', axis = 1, inplace = True)
```

通过乘客的名字（Name）也可以获取到一定信息，比如乘客的头衔，编写一个函数将它提取出来，并分析它与生存率之间的关系。

```
# 提取头衔
def get_title(name):
    str1 = name.split(',')[1]
    str2 = str1.split('.')[0]
    str3 = str2.strip()
    return str3
```

调用函数，并且使用 counter() 函数查看头衔一共有多少种，然后计算它们的数量。

```
>>> title_df = pd.DataFrame()
>>> title_df['Title'] = train_set['Name'].map(get_title)
>>> print(Counter(title_df['Title']))
Counter({'Mr': 517, 'Miss': 182, 'Mrs': 125, 'Master': 40, 'Dr': 7, 'Rev':
6, 'Major': 2, 'Mlle': 2, 'Col': 2, 'Don': 1, 'Mme': 1, 'Ms': 1, 'Lady':
1, 'Sir': 1, 'Capt': 1, 'the Countess': 1, 'Jonkheer': 1})
```

定义以下几种头衔类别：Officer 政府官员，Royalty 王室（皇室），Mr 已婚男士，Mrs 已婚女士，Miss 年轻未婚女子，Master 有技能的人 / 教师。用这几种头衔映射名字（Name）字符串。

```
# 名字中头衔字符串与定义的头衔类别的映射关系
>>> title_map_dict = {'Capt': 'Officer', 'Col': 'Officer',
    'Major': 'Officer', 'Jonkheer': 'Royalty',
    'Don': 'Royalty', 'Sir': 'Royalty', 'Dr': 'Officer',
    'Rev': 'Officer', 'the Countess': 'Royalty',
    'Mme': 'Mrs', 'Mlle': 'Miss', 'Ms': 'Mrs',
    'Mr': 'Mr', 'Mrs': 'Mrs', 'Miss': 'Miss',
    'Master': 'Master', 'Lady': 'Royalty'}
>>> title_df['Title'] = title_df['Title'].map(title_map_dict)
# 使用 get_dummies 对 Title 进行 one-hot 编码
>>> title_df = pd.get_dummies(title_df['Title'])
>>> title_df.head()
   Master   Miss   Mr   Mrs   Officer   Royalty
0       0      0    1     0         0         0
1       0      0    0     1         0         0
2       0      1    0     0         0         0
3       0      0    0     1         0         0
4       0      0    1     0         0         0
```

```
# 添加 one-hot 编码生存的虚拟列到 train_set 中
>>> train_set = pd.concat([train_set, title_df], axis = 1)
>>> train_set.drop('Name', axis = 1, inplace = True)
```

在船上的家庭人数也进行分类：

```
# 存放家庭信息
>>> family_df = pd.DataFrame()
# 家庭人数 = 父母（Parch）+ 兄弟（SibSp）+ 自己（1）
>>> family_df['Family_Size'] = train_set['Parch'] + train_set['SibSp'] + 1
```

家庭人数分类：

● 单人家庭 Family_Single：家庭人数 = 1；

● 小型家庭 Family_Small：家庭人数 2-4；

● 大型家庭 Family_Large：家庭人数 >5。

```
# 建立家庭人数与家庭类别的关系
>>> family_df['Family_Single'] = family_df['Family_Size'].map(lambda x:
1 if x == 1 else 0)
>>> family_df['Family_Small'] = family_df['Family_Size'].map(lambda x:
1 if 2 <= x <= 4 else 0)
>>> family_df['Family_Large'] = family_df['Family_Size'].map(lambda x:
1 if x >= 5 else 0)
>>> family_df.head()
   Family_Size    Family_Single   Family_Small   Family_Large
0       2              0               1              0
1       2              0               1              0
2       1              1               0              0
3       2              0               1              0
4       1              1               0              0
# 添加 one-hot 编码生存的虚拟列到 train_set 中
>>> train_set = pd.concat([train_set, family_df], axis = 1)
```

11.4.6　数据可视化

1. 导入数据可视化工具包 Matplotlib

```
# 导入 matplotlib 库
>>> import matplotlib.pyplot as plt
```

2. 分析生存率与性别之间的关系

将男性和女性的存活数与死亡数计数，并重新建表 sex_df。

```
# 将男性和女性的存活数与死亡数计数，并重新建表 sex_df
>>> sex_male = train_set.loc[train_set['Sex'] == 1,
                                    'Survived'].value_counts()
>>> sex_female = train_set.loc[train_set['Sex'] == 0,
                                    'Survived'].value_counts()
>>> sex_df = pd.DataFrame({'男性': sex_male, '女性': sex_female})
```

把男女的存活和死亡数计数数据可视化为柱状图，如图 11-2 所示。

```
# 正常显示中文
>>> plt.rcParams['font.sans-serif'] = ['SimHei']
>>> plt.rcParams['axes.unicode_minus'] = False
>>> sex_df.T.plot(kind = 'bar', color = ['b', 'g'])
>>> plt.title('按性别分类的存活人数分布')
>>> plt.xlabel('性别')
>>> plt.ylabel('人数')
>>> plt.legend(labels = ['死亡', '存活'])
>>> plt.show()
```

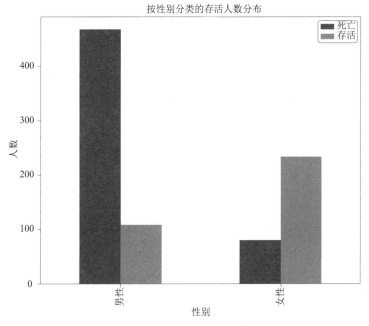

图 11-2　按性别分类存活人数分布

计算男女的存活率，并进行数据可视化，如图 11-3 所示。

```
>>> for i in sex_df.columns:
        sex_df.loc['SurvivedRate', i] = sex_df.loc[1, i] /\
        sex_df[i].sum()
>>> sex_df.loc['SurvivedRate'].plot(kind = 'bar', color = 'orange')
>>> plt.title('按性别分类的存活率')
>>> plt.xlabel('性别')
>>> plt.ylabel('存活率')
>>> x = np.arange(len(sex_df.index))
>>> y = np.array(list(sex_df.T['SurvivedRate']))
>>> for i,j in zip(x, y):
        plt.text(i, j+0.01, '%.2f' % j, color = 'k', ha = 'center')
>>> plt.show()
```

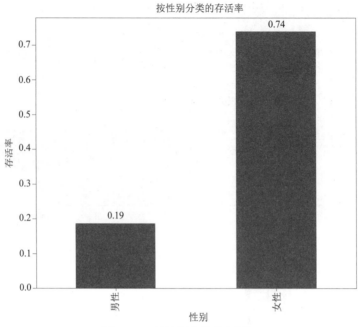

图 11-3 按性别分类的存活率

从图 11-2 和图 11-3 可以看出，女性生存率高达 74%，而男性生存率只有 19%，说明基于绅士风度，男性把生存机会留给了女性。

说明：如果语句太长，一行输入不完，可以在需要换行的地方加 "\" 进行换行。

3. 分析生存率与头衔之间的关系

计算每个头衔的人数，并生成新表 tit_df 进行数据可视化，如图 11-4 所示。

```
>>> sur_mr = train_set.loc[train_set['Mr'] == 1,
                'Survived'].value_counts()
>>> sur_mrs = train_set.loc[train_set['Mrs'] == 1,
                'Survived'].value_counts()
>>> sur_miss = train_set.loc[train_set['Miss'] == 1,
                'Survived'].value_counts()
>>> sur_officer = train_set.loc[train_set['Officer'] == 1,
                'Survived'].value_counts()
>>> sur_royalty = train_set.loc[train_set['Royalty'] == 1,
                'Survived'].value_counts()
>>> sur_master = train_set.loc[train_set['Master'] == 1,
                'Survived'].value_counts()
>>> tit_df = pd.DataFrame({'已婚男士':sur_mr, '已婚女士':sur_mrs,
                '未婚女子':sur_miss, '政府官员':sur_officer,
                '王室':sur_royalty, '技师':sur_master})
>>> tit_df.T.plot(kind = 'bar', color = ['b', 'g'])
>>> plt.title('按头衔分类的存活人数分布')
>>> plt.xlabel('头衔')
>>> plt.ylabel('人数')
```

```
>>> plt.legend(labels = ['死亡', '存活'])
>>> plt.show()
```

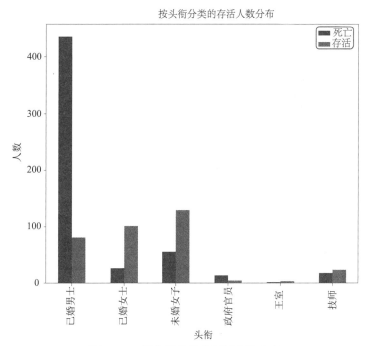

图 11-4　按头衔分类的存活人数分布

计算各头衔的存活率，并用饼图进行数据可视化，如图 11-5 所示。

```
>>> for i in tit_df.columns:
        tit_df.loc['SurvivedRate', i] = tit_df.loc[1, i] / \
        tit_df[i].sum()
>>> fig = plt.figure()
>>> plt.axis('equal')
>>> plt.pie(tit_df.loc['SurvivedRate'],
            explode = [0, 0, 0.1, 0, 0, 0],
            labels = tit_df.columns,
            colors = ['r', 'b', 'g', 'c', 'purple', 'pink'],
            autopct = '%.2f%%',
            pctdistance = 0.6,
            labeldistance = 1.0,
            shadow = True,
            startangle = 0,
            radius = 1.2,
            frame = False
        )
>>> plt.title('按头衔分类的存活率')
>>> plt.show()
```

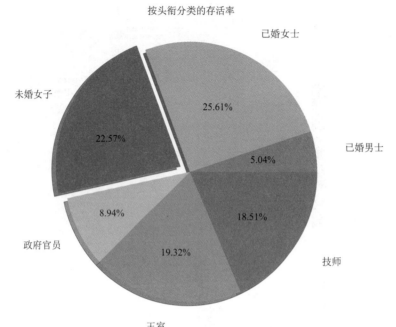

图 11-5　按头衔分类的存活率

从图 11-4 和图 11-5 可以看出，从头衔的角度来看，王室贵族、已婚女士、未婚女子的生存率较高，既符合性别生存率分析，也反映出贵族在这场灾难中有一些"特权"。

4. 分析生存率与在船家庭人数的关系

对每种家庭类型进行计数，生成新表 fam_df，进行数据可视化，如图 11-6 所示。

```
# 将每种家庭类型进行计数，并重新建表 fam_df
>>> sur_single = train_set.loc[train_set['Family_Single'] == 1,
                                                'Survived'].value_counts()
>>> sur_small = train_set.loc[train_set['Family_Small'] == 1,
                                                'Survived'].value_counts()
>>> sur_large = train_set.loc[train_set['Family_Large'] == 1,
                                                'Survived'].value_counts()
>>> fam_df = pd.DataFrame({'单身人士': sur_single, '小型家庭': sur_small,
                                '大型家庭': sur_large})
>>> fam_df.T.plot(kind = 'bar', color = ['b', 'g'])
>>> plt.title('按家庭类型分类的存活人数分布')
>>> plt.xlabel('家庭类型')
>>> plt.ylabel('存活人数')
>>> plt.legend(labels = ['死亡', '存活'])
>>> plt.show()
```

计算每种家庭类型的存活率，并进行数据可视化，如图 11-7 所示。

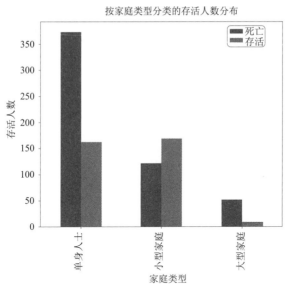

图 11-6　按家庭类型分类的存活人数分布

```
>>> for i in fam_df.columns:
        fam_df.loc['SurvivedRate', i] = fam_df.loc[1, i] /\
        fam_df[i].sum()
>>> fam_df.loc['SurvivedRate'].plot(kind = 'bar', color = 'orange')
>>> plt.title(' 按家庭类型分类的存活率 ')
>>> plt.xlabel(' 家庭类型 ')
>>> plt.ylabel(' 存活率 ')
>>> x = np.arange(len(fam_df.index))
>>> y = np.array(list(fam_df.T['SurvivedRate']))
>>> for i,j in zip(x, y):
        plt.text(i, j+0.05, '%.2f' % j, color = 'k', ha = 'center')
>>> plt.show()
```

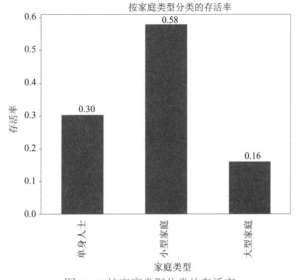

图 11-7 按家庭类型分类的存活率

从图 11-6 和图 11-7 可以看出，家庭人数在船上最多和最少的生存率都没有小型家庭高，说明在灾难中，只有一个人的话，没有人帮助他，他的生存率就很低，而家庭人数太多，牵扯因素也多，生存率也较低。

5. 分析存活率与客舱等级间的关系

对客舱等级进行计数，生成新表 pcl_df，进行数据可视化，如图 11-8 所示。

```python
# 将客舱等级进行计数，并重新建表 pcl_df
>>> pclass1 = train_set.loc[train_set['Pcls_1'] == 1,
                                            'Survived'].value_counts()
>>> pclass2 = train_set.loc[train_set['Pcls_2'] == 1,
                                            'Survived'].value_counts()
>>> pclass3 = train_set.loc[train_set['Pcls_3'] == 1,
                                            'Survived'].value_counts()
>>> pcl_df = pd.DataFrame({'客舱等级1': pclass1, '客舱等级2': pclass2,
                            '客舱等级3': pclass3})
>>> pcl_df.T.plot(kind = 'bar', stacked = True, color = ['b', 'g'])
>>> plt.title('按客舱等级分类的存活人数分布')
>>> plt.xlabel('客舱等级')
>>> plt.ylabel('存活人数')
>>> plt.legend(labels = ['死亡', '存活'])
>>> plt.show()
```

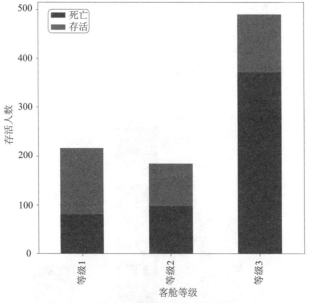

图 11-8　按客舱等级分类的存活人数分布

计算客舱等级存活率，并进行数据可视化，如图 11-9 所示。

```python
>>> for i in pcl_df.columns:
```

```
            pcl_df.loc['SurvivedRate', i] = pcl_df.loc[1, i] /\
                    pcl_df[i].sum()
>>> pcl_df.loc['SurvivedRate'].plot(kind = 'bar', color = 'orange')
>>> plt.title(' 按客舱等级分类的存活率 ')
>>> plt.xlabel(' 客舱等级 ')
>>> plt.ylabel(' 存活率 ')
>>> x = np.arange(len(pcl_df.index))
>>> y = np.array(list(pcl_df.T['SurvivedRate']))
>>> for i,j in zip(x, y):
        plt.text(i, j+0.05, '%.2f' % j, color = 'k', ha = 'center')
>>> plt.show()
```

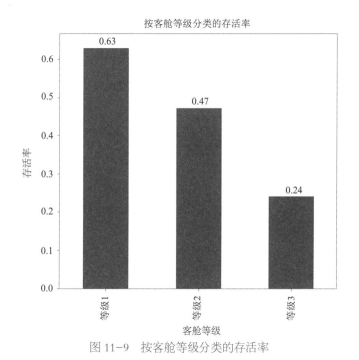

图 11-9　按客舱等级分类的存活率

　　从图 11-8 和图 11-9 可以看出，从船舱等级 1-3 来看，生存率也由高到低，说明乘客所在的船舱等级对存活率的影响比较大。

小　　结

　　本章介绍了数据分析和可视化的目的和重要性，讲解了使用 Python 进行数据分析和可视化所需用到的工具和库，比如，NumPy 矩阵运算库，pandas 数据分析库，Matplotlib 可视化库。最后，通过泰坦尼克号乘客生存分析案例讲解了数据分析和可视化的方法和步骤，通过从数据中得到的可视化图表，分析出相关的结论，帮助读者定量地分析解决问题。

习 题

1. 列出 Python 经常使用的运算库、数据分析库和可视化库，并进行对比分析。

2. 仿照本章泰坦尼克号乘客生存分析案例，编写从数据库中得到可视化图表、分析问题的 Python 程序。

第 12 章

机器学习实战

机器学习是实现人工智能的一种途径，它和数据挖掘有一定的相似性，也是一门多领域交叉学科，涉及概率论、统计学、逼近论、凸分析、计算复杂性理论等多门学科。对比于数据挖掘从大数据之间找相关特性而言，机器学习更加注重算法的设计，让计算机能够自动地从数据中"学习"规律，并利用规律对未知数据进行预测。

12.1 KNN

本节主要介绍机器学习中一个最经典、最简单的 K 最近邻算法（K Nearest Neighbor，KNN），在后续的小节中会使用该算法进行手写数字的识别。

12.1.1 K 近邻算法原理

什么是 KNN？

K 近邻算法的工作原理是：存在一个样本数据集合，也称作训练样本集，并且样本集中每个数据都存在标签，即知道样本集中每一个数据与所属分类的对应关系。输入没有标签的新数据后，将新数据的每个特征与样本集中数据对应的特征进行比较，然后算法提取样本集中特征最相似数据（最近邻）的分类标签。一般来说，只选择样本数据集中前 K 个最相似的数据，这就是 K 近邻算法中 k 的出处，通常 k 是不大于 20 的整数。最后，选择 k 个最相似数据中出现次数最多的分类，作为新数据的分类。

KNN 方法虽然从原理上也依赖于极限定理，但在类别决策时，只与极少量的相邻样本有关。由于 KNN 方法主要靠周围有限的邻近的样本，而不是靠判别类域的方法来确定所属类别的，因此对于类域的交叉或重叠较多的待分样本集来说，KNN 方法较其他方法更为适合。

KNN 算法不仅可以用于分类，还可以用于回归。通过找出一个样本的 k 个最近邻居，将这些邻居的属性的平均值赋给该样本，就可以得到该样本的属性。更有用的方法是将不同距离的邻居对该样本产生的影响给予不同的权值（weight），如权值与距离成正比。该算法在分类时有个主要的不足是，当样本不平衡时，如一个类的样本容量很大，而其他类样本容量很小时，有可能导致当输入一个新样本时，该样本的 k 个邻居中大容量类的样本占多数。该算法只计算"最近的"邻居样本，若某一类的样本数量很大，那么，或者这类样本并不接近目标样本，或者这类样本很靠近目标样本。无论怎样，数量并不能影响运行结果。可以采用权值的方法（和该样本距离小的邻居权值大）来改进。

该方法的另一个不足之处是计算量较大，因为对每一个待分类的文本都要计算它到全体已知样本的距离，才能求得它的 k 个最近邻点。目前常用的解决方法是事先对已知样本点进行剪辑，事先去除对分类作用不大的样本。该算法比较适用于样本容量比较大的类域的自动分类，而那些样本容量较小的类域采用这种算法比较容易产生误分。

KNN 的使用方式有以下 3 个要素：

① k 值会对算法的结果产生重大影响。k 值较小意味着只有与输入实例较近的训练实例才会对预测结果起作用，容易发生过拟合；如果 k 值较大，优点是可以减少学习的估计误差，缺点是学习的近似误差增大，这时与输入实例较远的训练实例也会对预测起作用，使预测发生错误。在实际应用中，k 值一般选择一个较小的数值，通常采用交叉验证的方法来选择最优的 k 值。随着训练实例数目趋向于无穷和 k=1 时，误差率不会超过贝叶斯误差率的 2 倍，如果 k 也趋向于无穷，则误差率趋向于贝叶斯误差率。

②算法中的分类决策规则往往是多数表决，即由输入实例的 k 个最临近的训练实例中的多数类决定输入实例的类别。

③距离度量一般采用 Lp 距离，当 p=2 时，即为欧氏距离，在度量之前，应该将每个属性的值规范化，这样有助于防止具有较大初始值域的属性比具有较小初始值域的属性的权重过大。

12.1.2 KNN 算法实现

本节内容将通过以上原理实现一个简单的 KNN 算法。实现这个算法的核心部分是：计算"距离"。

如果有一定的样本数据和这些数据所属的分类后，输入一个测试数据，就可以根据算法得出该测试数据属于哪个类别，此处的类别为 0 ~ 9 十个数字，就是十个类别。

算法实现过程如下：

①计算已知类别数据集中的点与当前点之间的距离；

②按照距离递增次序排序；

③选取与当前点距离最小的 k 个点；

④确定前 k 个点所在类别的出现频率；

⑤返回前 k 个点出现频率最高的类别作为当前点的预测分类。

代码实现如下：

```python
def classifier(InVect, dataSet, LabelVect, k):
    """
    参数：
    - InVect：分类的输入向量
    - dataSet：训练样本集
    - LabelVect：标签向量
    - k：选择最近邻居的数目
    """

    dataSetSize = dataSet.shape[0]

    # 计算需要分类的向量与训练样本差值
    diffVal = np.tile(InVect, (dataSetSize, 1)) - dataSet

    # 上一步骤结果平方和取平方根，得到距离向量（欧式距离公式）
    sqDiffVal = diffVal**2
    sqDistances = sqDiffVal.sum(axis=1)
    distances = sqDistances**0.5

    # 按照距离从低到高排序
    DistSort = distances.argsort()

    classCount = {}

    # 取出最近的 k 个样本数据
    for i in range(k):
        # 记录该样本数据所属的类别
        Recordlabel = LabelVect[DistSort[i]]
        classCount[Recordlabel] = classCount.get(Recordlabel, 0) + 1

    # 对类别出现的频次进行排序，从高到低
        sortedClassCount = sorted(classCount.items(),
                        key=operator.itemgetter(1), reverse=True)

    # 返回出现频次最高的类别
    return sortedClassCount[0][0]
```

使用欧氏距离公式来计算两个向量点之间的距离公式，如下所示：

$$d = \sqrt{(X_{a0} - X_{b0})^2 + (X_{a1} - X_{b1})^2}$$

例如，点 (0,0) 与点 (1,2) 之间的距离计算代入公式得：

$$d = \sqrt{(1-0)^2 + (2-0)^2}$$

如果数据集存在 4 个特征值，则点（1，0，0，1）与点（7，6，9，4）之间的距离计算为：

$$d = \sqrt{(7-1)^2 + (6-0)^2 + (9-0)^2 + (4-1)^2}$$

以此类推。

计算完所有点之间的距离后，可以对数据按照从小到大的次序排序。然后，确定前 k 个距离最小元素所在的主要分类，输入的 k 总是正整数；最后，将 classCount 字典分解为元组列表，然后使用 operator 模块的 itemgetter 方法，按照第二个元素的次序对元组进行排序。代码实现的排序为逆序排序，即按照从最大到最小的次序排序，最后返回发生频率最高的元素标签。

12.1.3 KNN 算法优缺点

1. KNN 算法优点

①简单，易于理解，易于实现，无须估计参数，无须训练；

②适合对稀有事件进行分类；

③特别适合于多分类问题（multi-modal，对象具有多个类别标签），KNN 比 SVM（支持向量机）的表现要好；

④可用于非线性分类；

⑤由于 KNN 方法主要靠周围有限的邻近的样本，而不是靠判别类域的方法来确定所属的类别，因此对于类域的交叉或重叠较多的待分类样本集来说，kNN 方法较其他方法更为适合；

⑥该算法比较适用于样本容量比较大的类域的自动分类（那些样本容量比较小的类域采用这种算法比较容易产生误分类情况）。

2. KNN 算法缺点

①需要大量的空间来存储已知的实例，且算法复杂度较高；

②计算量大，尤其是特征数非常多的时候；

③样本不平衡的时候，对稀有类别的预测准确率低。

12.2 手写数字识别系统

本节将一步步地构造使用 K 近邻分类器的手写识别系统。为了简单起见，这里构造的系统只能识别数字 0 ~ 9，如图 12–1 所示。需要识别的数字已经使用图形处理软件处理成具有相同的色彩和大小，宽高是 32 像素 ×32 像素的黑白图像。

尽管采用文本格式存储图像不能有效地利用内存空间，但是为了方便理解，还是将图像转换为文本格式。

该数据集合修改自《手写数字数据集的光学识别》一文中的数据集合，该文章登载于 UCI 机器学习资料库中 http://archive.ics.uci.edu/ml。作者是土耳其伊斯坦布尔海峡大学计算机工程系的 E. Alpaydin 与 C. Kaynak。

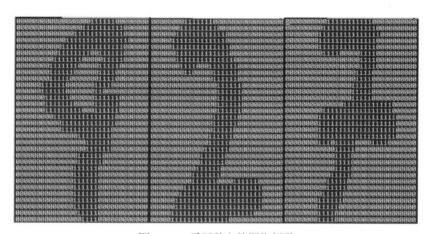

图 12–1 手写数字数据集例子

先下载实验所需的数据集：

```
# 在 Jupyter Notebook 单元格中执行，下载并解压数据。
!wget -nc "http://labfile.oss.aliyuncs.com/courses/777/digits.zip"
# 解压缩
!unzip -o digits.zip
```

其中，在 digits 目录下有两个文件夹，分别是：

trainingDigits：训练数据，1 934 个文件，每个数字大约 200 个文件。

testDigits：测试数据，946 个文件，每个数字大约 100 个文件。

每个文件中存储一个手写的数字，文件的命名类似 0_7.txt，第一个数字 0 表示文件中的手写数字是 0，后面的 7 是个序号。

使用目录文件夹 trainingDigits 中的数据训练分类器，使用目录文件夹 testDigits 中的数据测试分类器的效果。两组数据没有重叠，可以检查一下这些文件夹的文件是否符合要求。根据这些数据开始实现 K 近邻算法。

12.2.1 实验开始

为了使用前面例子的分类器，必须将图像格式化处理为一个向量。把一个 32×32 的二进制图像矩阵转换为 1×1024 的向量，这样之前实现的分类器就可以处理数字图像信息了。

首先编写一段函数 ToVector，将图像转换为向量：该函数创建 1×1024 的 NumPy 数组，然后打开给定的文件，循环读出文件的前 32 行，并将每行的头 32 个字符值存储在 NumPy 数组中，最后返回数组。

```python
def ToVector(filename):
    # 创建向量
    vector = np.zeros((1, 1024))
    # 打开数据文件，读取每行内容
    with open(filename, 'r') as f:
        for i in range(32):
            lineStr = f.readline()          # 读取每一行
            for j in range(32):             # 将每行前 32 字符转成 int 存入向量
                vector[0, 32 * i + j] = int(lineStr[j])

    return vector
```

实现好该函数可对其进行测试：

```python
ToVector ('digits/testDigits/0_1.txt')
```

程序运行结果如下：

```python
array([[0., 0., 0., ..., 0., 0., 0.]])
```

表示该 32×32 维度的向量已经成功转化为 1×1024 维度的向量。

在 12.1.2 中用 classifier() 函数简单实现了 KNN 算法的流程与分析，已经将数据处理成分类器可以识别的格式。接下来，将这些数据输入到分类器，检测分类器的执行效果。在写入这些代码之前，必须确保将 from os import listdir 写入文件的起始部分，这段代码的主要功能是从 os 模块中导入函数 listdir，它可以列出给定目录的文件名。

12.2.2　测试的步骤

测试步骤如下：

①读取训练数据到向量（手写图片数据），从数据文件名中提取类别标签列表（每个向量对应的真实的数字）；

②读取测试数据到向量，从数据文件名中提取类别标签；

③执行 K 近邻算法对测试数据进行测试，得到分类结果；

④与实际的类别标签进行对比，记录分类错误率；

⑤打印每个数据文件的分类数据及错误率作为最终的结果。

代码实现如下：

```python
def handwritingClassTest(haha):
    # 样本数据的类标签列表
    hwLabels = []
```

```
    # 样本数据文件列表
    trainingFileList =
listdir('C:/Users/LX/Desktop/digits/trainingDigits')
    m = len(trainingFileList)

    # 初始化样本数据矩阵（M*1024）
    trainingMat = np.zeros((m, 1024))

    # 依次读取所有样本数据到数据矩阵
    for i in range(m):
        # 提取文件名中的数字
        fileNameStr = trainingFileList[i]
        fileStr = fileNameStr.split('.')[0]
        classNumStr = int(fileStr.split('_')[0])
        hwLabels.append(classNumStr)

        # 将样本数据存入矩阵
        trainingMat[i, :] =
        ToVector('C:/Users/LX/Desktop/digits/trainingDigits/%s'
% fileNameStr)

    # 循环读取测试数据
    testFileList = listdir('C:/Users/LX/Desktop/digits/testDigits')

    # 初始化错误率
    errorCount = 0.0
    mTest = len(testFileList)

    # 循环测试每个测试数据文件
    for i in range(mTest):
        # 提取文件名中的数字
        fileNameStr = testFileList[i]
        fileStr = fileNameStr.split('.')[0]
        classNumStr = int(fileStr.split('_')[0])

        # 提取数据向量
        vectorUnderTest =
 ToVector('C:/Users/LX/Desktop/digits/testDigits/%s' % fileNameStr)

        # 对数据文件进行分类
        classifierResult =
classifier(vectorUnderTest, trainingMat, hwLabels, haha)

        # 打印 K 近邻算法分类结果和真实的分类
#        print("测试样本 %d, 分类器预测：%d,
真实类别：%d" % (i+1, classifierResult, classNumStr))
```

```
          # 判断 K 近邻算法结果是否准确
          if (classifierResult != classNumStr):
              errorCount += 1.0

          # 打印错误率
          print("\n 错误分类计数 : %d" % errorCount)
          print("\n 错误分类比例 : %f" % (errorCount/float(mTest)))
```

在上面的代码中，将 trainingDigits 目录中的文件内容存储在列表中，然后可以得到目录中有多少文件，并将其存储在变量 m 中。接着，代码创建一个 m 行 × 1024 列的训练矩阵，该矩阵的每行数据存储一个图像。

可以从文件名中解析出分类数字。该目录下的文件按照规则命名，如文件 9_45.txt 的分类是 9，它是数字 9 的第 45 个实例。然后可以将类代码存储在 hwLabels 向量中，使用前面讨论的 ToVector 函数载入图像。

在下一步中，对 testDigits 目录中的文件执行相似的操作，不同之处是，并不将这个目录下的文件载入矩阵中，而是使用 classifier () 函数测试该目录下的每个文件。

最后，输入 handwritingClassTest ()，测试该函数的输出结果。

```
handwritingClassTest()
```

输出结果为：

```
错误分类计数 : 10

错误分类比例 : 0.010571
```

K 近邻算法识别手写数字数据集，错误率为 1.05%。改变变量 k 的值、修改函数 handwritingClassTest () 随机选取训练样本、改变训练样本的数目，都会对 K 近邻算法的错误率产生影响，感兴趣的话可以改变这些变量值，观察错误率的变化。

实验总结如下：

K 近邻算法是分类数据最简单有效的算法。K 近邻算法是基于实例的学习，使用算法时必须有接近实际数据的训练样本数据。K 近邻算法必须保存全部数据集，如果训练数据集很大，必须使用大量的存储空间。此外，由于必须对数据集中的每个数据计算距离值，所以实际使用可能非常耗时。是否存在一种算法减少存储空间和计算时间的开销呢？ K 决策树就是 K 近邻算法的优化版，可以节省大量的计算开销。

12.2.3 如何可视化选取 k 值?

在第 11 章中介绍了 Matplotlib 库的使用，可通过对该库的使用来判断 k 值在何值时错误率最小，即此时选取的 k 值为最优解。

由于上文中已手动实现了 KNN 算法，因此可直接更改 k 值来反复训练改分类器，并实验，最终通过 Matplotlib 来可视化，挑出错误率最小所属的 k 值，即该算法下数据集此时最优的解。

具体实现代码如下所示：

```
import numpy as np
from sklearn import neighbors
import Matplotlib.pyplot as plt

def KNN_valuechoise(K_num):
    # 设置待测试的不同 k 值

    K = np.arange(1,K_num+1)
    length = len(K)
    # 构建空的列表，用于存储平均准确率
    accuracy = []
    for k in K:
        cv_result = handwritingClassTest(k)

        accuracy.append(cv_result)

    print(accuracy)
    # 从 k 个错误率中挑选出最小值所对应的下标
    arg_min = np.array(accuracy).argmin()
    # 中文和负号的正常显示
    plt.rcParams['font.sans-serif'] = [u'SimHei']
    plt.rcParams['axes.unicode_minus'] = False
    # 绘制不同 K 值与平均预测准确率之间的折线图
    plt.plot(K, accuracy)
    # 添加点图
    plt.scatter(K, accuracy)
    # 添加文字说明
    plt.text(K[arg_min], accuracy[arg_min], '最佳 k 值为 %s' %int(K[arg_min]))
    plt.xticks(np.arange(K_num+1), np.arange(K_num+1))
    # 显示图形
    plt.show()

KNN_valuechoise(10)# 输入原始训练数据和取值范围
```

其输出结果如下所示：

```
错误分类计数：13

错误分类比例：0.013742
0.013742071881606765

错误分类计数：13
```

```
错误分类比例： 0.013742
0.013742071881606765

错误分类计数： 10

错误分类比例： 0.010571
0.010570824524312896

错误分类计数： 11

错误分类比例： 0.011628
0.011627906976744186

错误分类计数： 17

错误分类比例： 0.017970
0.017970401691331923

错误分类计数： 17

错误分类比例： 0.017970
0.017970401691331923

错误分类计数： 21

错误分类比例： 0.022199
0.022198731501057084

错误分类计数： 18

错误分类比例： 0.019027
0.019027484143763214

错误分类计数： 21

错误分类比例： 0.022199
0.022198731501057084

错误分类计数： 19

错误分类比例： 0.020085
0.0200845665961945
```

通过 Matplotlib 可视化效果如图 12-2 所示。

通过 k 值的简单自动化选取，再通过 Matplotlib 实现数据的可视化，这样就可直观地观测出 k 值的最佳值。

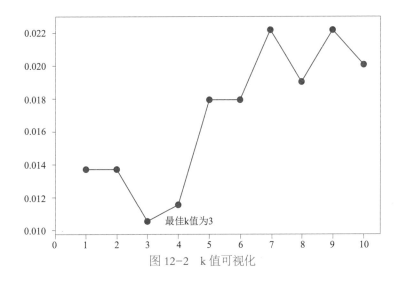

图 12-2　k 值可视化

🎁 12.3　scikit-learn 库

本节要了解一个机器学习库 scikit-learn，简称 sklearn。scikit-learn 是 Python 第三方提供的一个非常强力的机器学习库，它包含了从数据预处理到训练模型的各方面。sklearn 在数据处理以及模型训练方面提供了强大的函数命令，调用起来十分方便，在实战中使用 scikit-learn 可以极大地节省编写代码的时间以及减少代码量，使人们有更多的精力去分析数据分布，调整模型和修改超参。

12.3.1　scikit-learn 简介

在 scikit-learn 的官网上，可以找到众多的机器学习资源，包括模块下载、文档。Python scikit-learn 是一组简单有效的工具集，它依赖 Python 的 numpy、SciPy 和 Matplotlib 库，而且它是开源可复用的机器学习框架。

常用到的 scikit-learn 函数有以下四大部分，如表 12-1 所示。

表 12-1　scikit-learn 函数的四大部分

类　别	应用（Applications）	算法（Algorithm）
分类 （Classification）	异常检测，图像识别，等等	kNN, SVM, etc
聚类 （Clustering）	图像分割，群体划分，等等	K-Means, 谱聚类 , etc
回归 （Regression）	价格预测，趋势预测，等等	线性回归 ,SVR, etc
降维 （Dimension Reduction）	可视化	PCA, NMF, etc

sklearn 能够让人们很方便地定义机器学习模型，在这一步首先要分析数据的类型，考虑要用什么模型来做，然后就可以在 sklearn 中定义模型了。sklearn 为所有模型提供了非常相似的接口，这样可以更加快速地熟悉所有模型的用法。例如上面实战中运用的 kNN 模型：

```
from sklearn import neighbors
# 定义 kNN 分类模型
model = neighbors.KNeighborsClassifier(n_neighbors=5, n_jobs=1) # 分类
model = neighbors.KNeighborsRegressor(n_neighbors=5, n_jobs=1) # 回归
"""参数
---
    n_neighbors:  使用邻居的数目
    n_jobs: 并行任务数
"""
```

而 KNeighborsClassifier 是在 scikit-learn 的 sklearn.neighbors 包之中。KNeighborsClassifier 是实现了 kNN 算法的分类器，它的使用很简单，只需要三步就可以完成对 kNN 的实现：

①创建 KNeighborsClassifier 对象；

②调用 fit () 函数；

③调用 predict () 函数进行预测。

以下代码说明了用法：

```
from sklearn.neighbors import KNeighborsClassifier

X = [[0], [1], [2], [3],[4], [5],[6],[7],[8]]
y = [0, 0, 0, 1, 1, 1, 2, 2, 2]

neigh = KNeighborsClassifier(n_neighbors=3)
neigh.fit(X, y)

print(neigh.predict([[1.1]]))        # 结果 [0]
print(neigh.predict([[1.6]]))        # 结果 [0]
print(neigh.predict([[5.2]]))        # 结果 [1]
print(neigh.predict([[5.8]]))        # 结果 [2]
print(neigh.predict([[6.2]]))        # 结果 [3]
```

12.3.2　scikit-learn 实现手写数字识别

经过以上简单试用，现在就开始使用 sklearn 库中的 kNN 模型来训练一下上节所用到的数据集，来实现手写数字的识别。

同样的，同上节中实现的 kNN 算法相似，将数据集中的每个数据取出，转化为一维向量存入 trainingMat 中，并把所有数据集的标签存入 hwLabels 列表中，之后直接调用 sklearn 库中的 neighbors 包中的 KNeighborsClassifier() 函数，即 kNN 分类器函数，再通过调用 fit () 函数对其进行训练。

　　fit 的原义指的是安装、使适合的意思，其实有点 train 的含义，和 train 不同的是，它并不是一个训练的过程，而是一个适配的过程，过程都是固定的，最后只是得到了一个统一的转换的规则模型。fit() 中有两个参数，fit（X, y），使用 X 作为训练数据，y 作为目标值（类似于标签）来拟合模型。

　　在适配好模型后，就可直接调用 predict() 函数对其进行预测，并统计。

　　实现代码如下：

```python
from sklearn import neighbors
from sklearn import datasets

def ToVector(filename):
    # 创建向量
    vector = np.zeros((1, 1024))
    # 打开数据文件，读取每行内容
    with open(filename, 'r') as f:
        for i in range(32):
            lineStr = f.readline()              # 读取每一行
            for j in range(32):                 # 将每行前 32 字符转成 int 存入向量
                vector[0, 32 * i + j] = int(lineStr[j])

    return vector


def handwritingClassTest2(k):

    # 样本数据的类标签列表
    hwLabels = []

    # 样本数据文件列表
    trainingFileList = \
 listdir('C:/Users/LX/Desktop/digits/trainingDigits')
    m = len(trainingFileList)

    # 初始化样本数据矩阵（M*1024）
    trainingMat = np.zeros((m, 1024))

    # 依次读取所有样本数据到数据矩阵
    for i in range(m):
        # 提取文件名中的数字
        fileNameStr = trainingFileList[i]
        fileStr = fileNameStr.split('.')[0]
        classNumStr = int(fileStr.split('_')[0])
        hwLabels.append(classNumStr)

        # 将样本数据存入矩阵
```

```
        trainingMat[i, :] =
ToVector('C:/Users/LX/Desktop/digits/trainingDigits/%s' %
fileNameStr)


    knn = neighbors.KNeighborsClassifier(k)
    knn.fit(trainingMat,hwLabels)


    testFileList = listdir('C:/Users/LX/Desktop/digits/testDigits')

    # 初始化错误率
    errorCount = 0.0
    mTest = len(testFileList)

    # 循环测试每个测试数据文件
    for i in range(mTest):
        # 提取文件名中的数字
        fileNameStr = testFileList[i]
        fileStr = fileNameStr.split('.')[0]
        classNumStr = int(fileStr.split('_')[0])

        # 提取数据向量
        vectorUnderTest =
ToVector('C:/Users/LX/Desktop/digits/testDigits/%s' % fileNameStr)

        predictedLabel = knn.predict(vectorUnderTest)


      # 判断 K 近邻算法结果是否准确
        if (predictedLabel != classNumStr):
            errorCount += 1.0

    # 打印错误率
    print("\n 错误分类计数 : %d" % errorCount)
    print("\n 错误分类比例 : %f" % (errorCount/float(mTest)))
```

最后，输入 handwritingClassTest2(3)，测试该函数的输出结果。

```
错误分类计数 : 12

错误分类比例 : 0.012685
```

12.3.3　交叉验证法

在构建模型时，调参是极为重要的一个步骤，因为只有选择最佳的参数才能构建一个最优的模型。但是应该如何确定参数的值呢？

有一个快捷简便的方法就是通过交叉验证的方法，逐个来验证。

首先简单介绍交叉验证的思想。在使用训练集对参数进行训练的时候，经常会发现人们通常会将一整个训练集分为三个部分：训练集（train set）、评估集（valid set）、测试集（test set）。这其实是为了保证训练效果而特意设置的。其中测试集很好理解，就是完全不参与训练的数据，仅仅用来观测测试效果的数据。而训练集和评估集则牵涉下面的知识了。

在实际的训练中，训练的结果对于训练集的拟合程度通常还是挺好的（初始条件敏感），但是对于训练集之外的数据的拟合程度通常就不那么令人满意了。因此通常并不会把所有的数据集都拿来训练，而是分出一部分来（这一部分不参加训练）对训练集生成的参数进行测试，相对客观地判断这些参数对训练集之外的数据的符合程度。这种思想就称为交叉验证（Cross Validation）。

1. 交叉验证定义

交叉验证（Cross Validation），也称作循环估计（Rotation Estimation），是统计学上将数据样本切割成较小子集的一种实用方法，该理论是由 Seymour Geisser 提出的。

在给定的建模样本中，拿出大部分样本进行建模，留小部分样本用刚建立的模型进行预报，并求这小部分样本的预报误差，记录它们的平方加和。这个过程一直进行，直到所有的样本都被预报了一次而且仅被预报一次。把每个样本的预报误差平方加和，称为 PRESS（Predicted Error Sum of Squares）。

其基本思想是在某种意义下将原始数据（dataset）进行分组，一部分作为训练集（train set），另一部分作为验证集（validation set or test set），首先用训练集对分类器进行训练，再利用评估集来测试训练得到的模型（model），以此来作为评价分类器的性能指标。

而在 sklearn 中的 cross_val_score 方法就是以交叉验证原理来实现的。交叉验证的原理如图 12-3 所示。

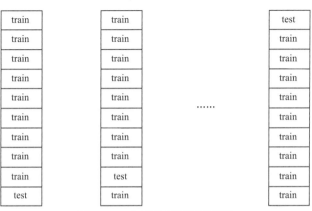

图 12-3　交叉验证原理示意图

如图 12-3 所示，将数据集分为 10 折，做一次交叉验证，实际上它是计算了 10 次，将每一折都当作一次测试集，其余 9 折当作训练集，这样循环 10 次。通过传入的模型训练 10 次，最后将 10 次结果求平均值，并将每个数据集都算一次。

2. 交叉验证优点

①交叉验证用于评估模型的预测性能，尤其是训练好的模型在新数据上的表现，可以在一定程度上减小过拟合。

②可从有限的数据中获取尽可能多的有效信息。

如何利用它来选择参数呢？

可以给它加上循环，通过循环不断地改变参数，再利用交叉验证来评估不同参数模型的能力，最终选择能力最优的模型。

通过上述 sklearn 实现的例子，并且调用 sklearn 实现的 cross_val_score() 方法来验证并选取 kNN 算法的 k 值参数。

代码如下所示：

```python
# 导入第三方模块
import numpy as np
from sklearn import neighbors
import Matplotlib.pyplot as plt
from sklearn.model_selection import cross_val_score

def KNN_valuechoise(X_tain, y_train, K_num):
    # 设置待测试的不同 k 值
    K = np.arange(1,K_num+1)
    length = len(K)
    # 构建空的列表，用于存储平均准确率
    accuracy = []
    for k in K:
        # 使用 10 重交叉验证的方法，比对每一个 k 值下 KNN 模型的预测准确率
        knn = neighbors.KNeighborsClassifier(k)
        knn.fit(X_tain, y_train)
        cv_result = cross_val_score(knn, X_train, y_train,
                                    cv = 10, scoring='accuracy')
        accuracy.append(cv_result.mean())
        print(k, accuracy)

    # 从 k 个平均准确率中挑选出最大值所对应的下标
    arg_max = np.array(accuracy).argmax()
    # 中文和负号的正常显示
    plt.rcParams['font.sans-serif'] = [u'SimHei']
    plt.rcParams['axes.unicode_minus'] = False
    # 绘制不同 K 值与平均预测准确率之间的折线图
    plt.plot(K, accuracy)
```

```
        # 添加点图
        plt.scatter(K, accuracy)
        # 添加文字说明
        plt.text(K[arg_max], accuracy[arg_max],
                                    '最佳 k 值为 %s' %int(K[arg_max]))
        plt.xticks(np.arange(K_num+1), np.arange(K_num+1))
        # 显示图形
        plt.show()


def ToVector(filename):
    # 创建向量
    vector = np.zeros((1, 1024))
    # 打开数据文件，读取每行内容
    with open(filename, 'r') as f:
        for i in range(32):
            lineStr = f.readline()                  # 读取每一行
            for j in range(32):            # 将每行前 32 字符转成 int 存入向量
                vector[0, 32 * i + j] = int(lineStr[j])

    return vector


def Train_example():
# 样本数据的类标签列表
    hwLabels = []

    # 样本数据文件列表
    trainingFileList =
listdir('C:/Users/LX/Desktop/digits/trainingDigits')
    m = len(trainingFileList)

    # 初始化样本数据矩阵 (M*1024)
    trainingMat = np.zeros((m, 1024))

    # 依次读取所有样本数据到数据矩阵
    for i in range(m):
        # 提取文件名中的数字
        fileNameStr = trainingFileList[i]
        fileStr = fileNameStr.split('.')[0]
        classNumStr = int(fileStr.split('_')[0])
        hwLabels.append(classNumStr)

        # 将样本数据存入矩阵
        trainingMat[i, :] =
ToVector('C:/Users/LX/Desktop/digits/trainingDigits/%s' %
fileNameStr)

    return trainingMat, hwLabels
```

最后，输入函数，测试该函数的输出结果。

```
X_train, y_train = Train_example()
KNN_valuechoise(X_train, y_train, 10)#输入原始训练数据和取值范围
```

最终输出结果如图 12-4 所示。

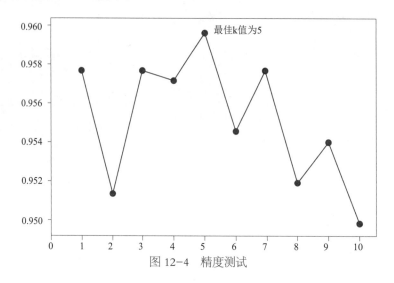

最佳k值为5

图 12-4　精度测试

从图 12-5 中可发现该数据集最佳 k 值为 5 时，精度达到最高，因此可以判断当 k=5 时，此模型拟合程度最好。

小　结

本章介绍了机器学习中最经典的 KNN 算法和机器学习库 scilkit-learn，并通过 sklearn 库中的 KNN 模型实现了手写数字的识别，以及运用 sklearn 库中的交叉验证模型来选择 KNN 中的模型参数 k，帮助读者了解 sklearn 库中包含的简单高效的数据挖掘和数据分析工具。

习　题

1. 简述 Python 实现 KNN 算法的过程。
2. 实战 KNN 算法实现识别手写数字系统。

参 考 文 献

[1] 马瑟斯．Python 编程：从入门到实践 [M]．袁国忠，译．北京：人民邮电出版社，2016.

[2] 海特兰德．Python 基础教程 [M]．袁国忠，译．北京：人民邮电出版社，2018.

[3] 斯维加特．Python 编程快速上手：让繁琐工作自动化 [M]．王海鹏，译．北京：人民邮电出版社，2016.

[4] 麦金尼．利用 Python 进行数据分析 [M]．徐敬一，译．北京：机械工业出版社，2018.

[5] 小甲鱼．零基础入门学习 Python[M]．北京：清华大学出版社，2019.

[6] 卢茨．Python 学习手册 [M]．侯靖，译．北京：机械工业出版社，2018.

[7] 嵩天，礼欣，黄天羽．Python 语言程序设计基础 [M]．北京：高等教育出版社，2017.

[8] 刘瑜．Python 编程从零基础到项目实战 [M]．北京：中国水利水电出版社，2018.

[9] 卢茨．Python 编程 [M]．邹晓，瞿乔，任发科，译．北京：中国电力出版社，2014.

[10] 小码哥．零基础轻松学 Python[M]．北京：电子工业出版社，2019.

[11] 塞德．Python 快速入门 [M]．戴旭，译．北京：人民邮电出版社，2019.

[12] 丘思．Python 核心编程 [M]．宋吉广，译．北京：人民邮电出版社，2016.

[13] 明日科技．Python 从入门到精通 [M]．北京：清华大学出版社，2018.

[14] 张玲玲．Python 算法详解 [M]．北京：人民邮电出版社，2019.

[15] 董付国．Python 程序设计基础与应用 [M]．北京：机械工业出版社，2018.

[16] 叶维忠．Python 编程从入门到精通 [M]．北京：人民邮电出版社，2018.

[17] 拉马略．流畅的 Python[M]．吴珂，译．北京：人民邮电出版社，2017.

[18] 吕云翔．Python 基础教程 [M]．北京：人民邮电出版社，2018.

[19] 布里格斯．趣学 Python 编程 [M]．尹哲，译．北京：人民邮电出版社，2014.

[20] 赫特兰．Python 算法教程 [M]．凌杰，陆禹淳，顾俊，译．北京：人民邮电出版社，2016.

[21] 陈仲才．Python 核心编程 [M]．宋吉广，译．北京：人民邮电出版社，2008.

[22] 菲利普斯．Python 3 面向对象编程 [M]．肖鹏，常贺，石琳，译．北京：电子工业出版社，2018.

[23] 毛雪涛，丁毓峰．小小的 Python 编程故事 [M]．北京：电子工业出版社，2019.

[24] 戈雷利克，欧日沃尔德．Python 高性能编程 [M]．胡世杰，徐旭彬，译．北京：人民邮电出版社，2017.

[25] 唐尼．像计算机科学家一样思考 Python[M]．赵普明，译．北京：人民邮电出版社，2016.

[26] 王征，李晓波．Python 趣味编程入门与实战 [M]．北京：中国铁道出版社有限公司，2019.

[27] 奥尔索夫．Python 编程无师自通 [M]．宋秉金，译．北京：人民邮电出版社，2019.

[28] 张啸宇，李静．Python 数据分析从入门到精通 [M]．北京：电子工业出版社，2018.

[29] 陈春晖，翁恺，季江民．Python 程序设计 [M]．杭州：浙江大学出版社，2019.